乡村工作室

乡村工作室

塞缪尔·莫克比和有尊严的建筑

RURAL STUDIO

Samuel Mockbee and an Architecture of Decency

[美] 安德烈·奥本海默·迪恩
　　　蒂莫西·赫斯利　　　　著

王志刚　韦诗誉　郑婉琳　杨　琳　译

中国建筑工业出版社

著作权合同登记图字：01-2020-2454 号

图书在版编目（CIP）数据

乡村工作室：塞缪尔·莫克比和有尊严的建筑 /（美）安德烈·奥本海默·迪恩，（美）蒂莫西·赫斯利著；王志刚等译 . —北京：中国建筑工业出版社，2020.1
书名原文：RURAL STUDIO：SAMUEL MOCKBEE AND AN ARCHITECTURE OF DECENCY
ISBN 978-7-112-24731-8

Ⅰ.①乡⋯ Ⅱ.①安⋯②蒂⋯③王⋯ Ⅲ.①社区 – 建筑设计 – 研究 – 美国 Ⅳ.① TU984.12

中国版本图书馆 CIP 数据核字（2020）第 025773 号

本书由美国普林斯顿建筑出版社独家授权我社，在全球范围内出版、发行本书的简体中文版。

摄影：蒂莫西·赫斯利
短文：劳伦斯·蔡　塞尔温·罗宾逊

责任编辑：张　华　戚琳琳　唐　旭
责任校对：芦欣甜

乡村工作室

塞缪尔·莫克比和有尊严的建筑

[美] 安德烈·奥本海默·迪恩
　　　蒂莫西·赫斯利　　　　　著

王志刚　韦诗誉　郑婉琳　杨　琳　译

*

中国建筑工业出版社出版、发行（北京海淀三里河路9号）
各地新华书店、建筑书店经销
北京雅盈中佳图文设计公司制版
北京富诚彩色印刷有限公司印刷
*
开本：787×1092 毫米　1/16　印张：12¼　字数：219千字
2020 年 6 月第一版　2020 年 6 月第一次印刷
定价：148.00元
ISBN 978-7-112-24731-8
（35195）

版权所有　翻印必究

如有印装质量问题，可寄本社退换
（邮政编码 100037）

目　录

谢泼德·布莱恩特，乡村工作室的一位业主和他的孙子们以及他们从黑武士河中捕获的猎物

引　言

在阿拉巴马州（ALABAMA）黑尔县（HALE COUNTY），随处可见幽灵般的建筑：废弃的谷仓、破旧的棚屋和锈迹斑斑的拖车式活动房——这些都是过去农业繁荣时期的遗迹。老人安静地坐在摇摇欲坠的门廊下，脏兮兮的母鸡在坚硬的泥土院子里咯咯地啄来啄去。黑尔县是一个落后的地方，但这片土地上却有着茂密的松林、肥沃的庄稼和绵延的丘陵。这是黑武士河（Black Warrior River）孕育的土地，一位名叫塞缪尔·莫克比 [1] 的建筑师充满诗意地将其描述为："大河在被遗忘的梦中飘荡……古老的波光流向你和未知的地方。"在黑尔县，莫克比发现了"一种近乎超自然的美"，出于这个原因，他决定把他的乡村工作室设在那里。他熟悉沃克·埃文斯（Walker Evans）[2] 和詹姆斯·艾吉（James Agee）[3] 于大萧条时期在《现在让我们赞美伟大的人》（*Let Us Now Praise Famous Men*）一书 [4] 中对贫困佃农的描述，这本书也使黑尔县引起了全国的关注。但这并没有对莫克比的决定产生影响，黑尔县深深吸引着莫克比，纯粹而简单。

当莫克比在 20 世纪 90 年代初期创建乡村工作室时，美国建筑界已经从对社会责任和公民参与的关注倒退至对风格式样的追求。从新兴的全球经济浪潮中风靡起来的明星建筑师们，沉醉于新技术和新材料，争相为世界各地的富有业主设计愈发大胆而新奇的"建筑时装"。然而，莫克比却扎根在南部腹地的黑尔县，专注于为贫困的人们设计和建造朴素且具有创新性的住宅。1992 年，当莫克比第一次带着 12 名奥本大学建筑系的学生出发时，他只是想进行为期一年的建筑教育实验。然而十年后，这位已经 57 岁的建筑师仍然在几乎每个周一的早晨离开自己位于密西西比州坎顿市的家，向东驱车 170 英里，到达乡村工作室所在地——阿拉巴马州的纽伯恩镇旁一个只有一家商店的小村庄。村里有一栋建于 19 世纪 90 年代的破旧农舍，莫克比和学生们在这里度过一周的时间，一起工作、一起生活。他称之为"24—7"—— 一项每天持续 24小时并且一周持续七天的活动。莫克比说："如果你要这么做，那么你就得收拾行囊，吻别妻子，然后走上战场。"这是来自一位最不好战、最不教条化的人的激昂话语。

也许听起来很天真，但莫克比——2000 年"麦克阿瑟天才奖"获得者——正在为信念而战。一方面，建筑行业具有帮助穷人改善生活条件的道德责任；另一方面，这个行业应该"挑战现

---

[1]　译者注：塞缪尔·莫克比（Samuel Mockbee，1944-2001）于 2001 年 12 月因白血病去世，2004 年 AIA 因他带领阿拉巴马大学师生为贫困社区提供住房的工作而授予其金奖。

[2]　译者注：沃克·埃文斯（Walker Evans，1903-1975），美国纪实摄影家，认为艺术家的任务是直面最严峻的现实，其作品以简洁、直接、清晰的影像语言描绘了美国社会。

[3]　译者注：詹姆斯·艾吉（James Agee，1909-1955）是美国小说家、剧作家、电影评论家和新闻记者。

[4]　译者注：《现在让我们赞美伟大的人》（*Let Us Now Praise Famous People*）由美国摄影家沃克·埃文斯与作家詹姆斯·艾吉联合创作，记录了大萧条时期南方佃农家庭的生活，是美国现代文学史和摄影史上的经典名作。

状，做出负责任的环境和社会的变革。"因此，他坚信建筑教育应该从"纸上建筑"扩展到真实的建造，并播种下"为社会服务的道德观念"。建筑系学生通常是典型的中产阶级年轻人，从事理论的而非真实的设计，但奥本大学乡村工作室的成员却忙于实实在在的设计与建造，并与贫困的业主进行面对面协商。莫克比反对建筑行业内盛行的强调时尚、疯狂速度和超级巨星的风气，他长期致力于带领学生设计并建造价格低廉但引人注目的构筑物，与此同时向他们传授基础知识，不仅仅关于设计和建造，更关乎尊严与公平。这是多么传统而又令人振奋！

黑尔县位于伯明翰①周边工业区的西南方向，其大部分地区属于"黑色地带"（Black Belt）。"黑色地带"是包含阿拉巴马州中部和密西西比州北部的新月形地带，以其深黄色或铁锈色的深色肥沃土壤而得名。覆盖在黑

莫克比与学生们在旧南方大学的校长住宅

尔县山丘和农田上的红土，同样被伯明翰钢厂燃烧产生的富铁黏土所污染。在 19 世纪，该县废除了以农奴制为基础的种植业，并由于南部联邦的战败成为一个贫困的遗留地区。20 世纪又出现了新的灾难：土壤侵蚀、棉铃象鼻虫害、棉花市场崩溃以及大规模的人口外迁。留下来的农民们转向养牛和种植大豆，然而他们中的大多数人又一次失败了。黑尔县最新的"作物"是鲶鱼，饲养在路旁零星可见的平静的池塘里。但是，贫困率接近 40% 的黑尔县，仍然与埃文斯和艾吉在 20 世纪 50 年代对该县的描述惊人得相似。

慢慢地，乡村工作室在黑尔县留下了印记。在梅森湾社区以及纽伯恩、索耶维尔、格林斯博罗、托马斯顿和阿克伦城镇里，工作室置入了简单但是极具创造力的构筑物，它们通常由廉价的、回收或捐赠而来且总是显得稀奇古怪的材料构成，例如破旧的铁路枕木、旧砖块、捐赠的木材、干草捆、捆扎的瓦楞纸板、磨损的橡胶轮胎、号码牌和路标等。工作室的美学语汇是现代的，但是其建筑却是在地的——它们有着防护性的屋顶和宽敞的门廊，像棚屋一样的形式和奇特的即兴发挥之处。在莫克比看来，"建造真正建筑的最佳方式是让建筑从文化和场地中演变而来。"这些由学生在工作室设计的小型项目提醒我们一个不矫饰的美国建筑意味着什么。它们让我们可以简单地了解到，什么才是未来美国建筑至关重要的东西——那就是真实。

乡村工作室的学生在黑尔县为人熟知并广受欢迎。"至少在 80% 的情况下，我们是受欢迎的。"克雷格·皮维（Craig Peavy）说，他在 2000 年 1 月时是工作室的五年级学生。学生们

---

① 译者注：阿拉巴马州州府。

每天从纽伯恩、阿克伦和黑尔县政府所在的格林斯博罗四散出发，到建筑工地工作、参加镇议会会议、与县人力资源部门协商（他们提供有需求的贫困业主名单供学生选择）、会见非营利组织黑尔县授权和振兴组织（HERO）[①]、参加社区的户外炸鲶鱼派对[②]。对许多学生来说，这个被莫克比称为"社区教室"的地方，是他们第一次亲身体验"贫穷的气息和感受"的地方。2000年毕业后在阿拉巴马州的一个乡村扶贫机构工作的布鲁斯·拉尼尔（Bruce Lanier）回忆道，"我以前仅仅是在开车去私立学校的路上经过这样的贫困地区。在工作室里，我认识到经济贫困不是一种价值上的贫困，而是与生俱来的；你会开始意识到你之所以没有穷困潦倒只是得益于出生时像抽签一样的运气；穷人和你我没什么不同，你要去了解并尊重他们。"拉尼尔和其他人的经历似乎证实了莫克比的期望：让学生直接置身于贫穷中，而不是用语言向他们描述，以将那些由于隔绝而造成的误解替换成对那些比你苦难的人们的理解和同情。

长期以来，建筑师们一直在批评建筑专业所定义的教育过程。在一个设计课程里，学生们由一位执业建筑师指导，面对一个设计问题，提出一个解决方案并用平面图和立面图来表达，然后在一个被称为评图的公开环节里进行答辩。1997年毕业于奥本大学的乔希·库珀（Josh Cooper）回忆道，"直到他作为一名二年级学生在乡村工作室开始设计位于梅森湾的布莱恩特住宅（Bryant House）时，他才意识到课堂上所学东西的意义。"他说："相较于我在一无所知的情况下随意画一扇窗，现在有一位业主就站在那里，而这扇窗必须对他有用。在不同的层面上，我获得了很多的自信，因为我知道我可以让这扇窗有其存在的价值。"

乡村工作室为二年级和五年级的学生提供了一个15个小时的课程，内容相当于他们的同学在150英里以外的奥本大学所学。每个学期，15名二年级学生帮助设计和建造一所房子，认识建筑所应承担的社会和道德责任。与此同时，他们还会接受关于建筑材料和建造方法的指导，并被带到附近的农场和南北战争前建造的房子中接受建筑历史教育。另外，还有大约15名五年级的学生一整个学年都待在乡村工作室里，设计建造一个社区项目，做一些"埋头苦干"的工作，就像安德鲁·弗里厄（Andrew Freear）教授所描述的必需的志愿服务。

学生们学习如何进行团队合作。"在学习建筑的过程中，我们被教导要成为备受折磨的艺术家，"弗里厄说，"事实上，建筑是一项团队工作，这也是大多数学生第一次与他人合作。"2000年读二年级的詹尼弗·斯坦顿（Jennifer Stanton）解释道："我们合作完成每件事情，也学会互相妥协；有时候我们会和对方争执不下，但也会学着一起解决问题。"

莫克比将建筑视为一门植根于社区及其环境的具有社会性、政治性和审美性的学科，并向学生展示他们可以有所作为。他告诉学生们，作为一名建筑师，善良重于伟大，同情胜于激情。

很明显，对于学生们、工作室的两位老师弗里厄和史蒂夫·霍夫曼（Steve Hoffman）以及委托人来说，莫克比是乡村工作室的思想和灵魂。这位粗犷的满脸大胡子的第五代密西西比人，常常穿着宽松的运动裤和旧运动鞋，戴着奥本大学棒球帽，开着一辆旧卡车在黑尔县乱转。他

---

① 　译者注：HERO全称是Hale Empowerment and Revitalization Organization，黑尔县授权和振兴组织。

② 　译者注：原文community catfish fries，炸鲶鱼，一种美国东南部地区的主食，一般在社区户外烹饪食用。其所带来的社交活动成为当地人家庭生活和社区建设的一部分。

似乎被县里每一个人所熟识，并给大家留下这样的形象——"像是个密西西比乡巴佬，却也是一位艺术怪胎"，拉尼尔说。学生们感受到了他的人文素养和道德观念。2000 年 1 月，时读五年级的安迪·奥兹（Andy Olds）说："老师的谦逊与成就令他羡慕。"同事弗里厄对"塞博[①] 全身心地投入自己的工作"也感到钦佩。另一名同事霍夫曼说："塞博拥有这样的魔力，他知道如何与人打交道。他从不独断专行，而是教导学生潜心钻研。"斯坦顿说："塞博不是居高自傲的人，跟他相处很舒服，他是位诚实的好人。"关于他自己，莫克比用他那深沉的带有浓重乡音的语气慢慢说道："别高估了我的无私，我认为圣人都是自私的，当然我也没说我是个圣人。"他开玩笑道："圣诞老人之类的人只是为了逗大家一乐，而我是自私的，我所做的事情只是为了发挥我的天赋、感知力、教养和想象力。"

在将工作室发展到如今规模的过程中，莫克比练就了很多不同寻常的技能。我们可以观察到他在工作室的状态：他先是打电话和当地的零售商讨论隔热材料的问题，然后放下电话告诉学生们："我会预定一些，你们都尝试一下。"紧接着，他又会拿起电话与众多捐赠者中的一位打趣。这些捐赠者在 1993 年至 2000 年间，为乡村工作室提供了超过两百万美元的赞助和捐款（奥本大学只承担莫克比、弗里厄和霍夫曼的薪水）。接下来的电话，他敲定了在阿肯色大学演讲的计划。随后，莫克比与前来为工作室拍摄纪录片的一位电视制片人进行交谈。接着又与从州立养牛场获释的三名囚犯之一讨论一栋建筑的维修问题。"他们是相当棒的老师。"他说，"大多数学生之前并没有接触过囚犯，看到他们也是普通的人之后便消除了顾虑。"如果询问莫克比怎么看待建立乡村工作室这件事，他会回答："这是融合了我多年的不同经历，这些年来，我一直在思考如何推动建筑、社会进步、教育、艺术和环境理念的发展。"他还会告诉你，他"总是尝试把精彩的项目组合在一起，无论大小。有时看到某些机会，即使只是一个苗头，我也会静等时机成熟，直到可以与之相配合的事情出现。"

为了详尽追溯那些促成乡村工作室形成的因素，莫克比从他的家庭开始谈起。"我母亲是一位浸信会牧师（Baptist）的女儿，她的家人都是教育工作者。她温柔聪明，且受过良好的教育。"莫克比的祖母斯威特·缇（Sweet Tee）是这个家庭的主要经济支柱，对他有着巨大的影响。他说他的外祖母除了性格坚强外，还很开朗。"她非常有爱心，对朋友很忠诚，是个很成功的女商人。我的性格与她有些相似。"莫克比的父亲是一名牙医，后来成为殡仪馆馆长，他形容他的父亲是"一名典型的南方人，喜爱打猎、钓鱼、赌博和喝酒。"然而，后来他的父亲开始酗酒，在莫克比 12 岁时患上了肺结核。"他在大约四十岁出头时就不工作了，整日待在楼上，喝着酒，喂着窗外的松鼠和小鸟。他是个好人，但也同样是个酒鬼，我只是不愿意看到我母亲所承受的苦难。"莫克比的父亲死于癌症——这仿佛是个家庭诅咒，同样夺去了他的母亲和唯一的胞妹玛莎·安妮（Martha Anne）的生命，而"塞博"这个昵称正是玛莎·安妮为莫克比取的。1998 年，在得知莫克比患有白血病后，玛莎将骨髓移植给他。此后不久，她被诊断出患有乳腺癌，于 1999 年去世。

莫克比在密西西比州实行种族隔离制度的默里迪安（Meridian）长大，他说："我接受了出

---

① 译者注：塞博（Sambo），教师和学生对塞缪尔·莫克比的昵称。

色的教育，但这无疑是以牺牲黑人为代价的。"除了护理和教育之外，各种行业基本不接纳女性，否则莫克比的大多数女老师们"现在本应是各公司的首席执行官"。州长罗斯·巴尼特（Ross Barnett）的妹妹是莫克比一年级时的老师，而已故参议员约翰·斯坦尼斯（John Stennis）的妹妹则在默里迪安高中教书。莫克比对于黑人的了解仅仅是女佣、球童和体力劳动者，他也一直没有意识到种族隔离的后果。直到 1966 年，莫克比在奥本大学读三年级时，一支废除种族隔离的美国军队将他招至麾下。他说，在佐治亚州本宁堡（Fort Benning）服役的头几个星期，当他站在队伍中或执行军事演习时，都会"确保自己身前身后都有一个白

在一次评图中，莫克比（坐在靠近中间位置）聆听学生介绍

人。我并不害怕黑人，只是从来没有将他们视为平等。"之后有一天，他在步枪射击班上睡着了。"当我醒来的时候，我周围全是来自密西西比的黑人学员，在一个平等的群体中，我感觉挺好。"于是他回去睡觉，"从此种族对我来说已经不复存在。"

但这之后又被一种作为南方人既被祝福又被诅咒的感觉所取代。1966 年后，他逐渐意识到，他所在的地方"有着虚构和错误的价值观，并且以这些价值观的名义为虐待和不公正进行辩解的意愿。"殉难的南方民权工作者詹姆斯·昌西（James Chancy）获得了莫克比的尊重和钦佩，因为他勇于"冒着生命危险承担责任"。莫克比将这种信念转译成为一再扪心自问的问题："我是否有勇气让我的天赋产生意义？"尽管他没有积极参与民权斗争，但他开始寻找方法来纠正他的亲人与"这一支由永远被排斥和忽视的、在重建后被遗忘的人组成的军队"为敌的错误。莫克比会提醒你，一百年前，威廉·爱得华·伯格哈特·杜波依斯（W. E. B. Du Bois）[1]曾经宣称 20 世纪将被过早停止重建这一事实困扰。莫克比说，"我们现在是在 21 世纪，但我们仍然忽视了这个问题，南方的黑人仍然不受重视。"他总结道，"提出问题并试图纠正它们是艺术家或建筑师应该扮演的角色"。

莫克比的建筑实践始于 1977 年，后来与科尔曼·科克（Coleman Coker）合作，在 20 世纪 80 年代初开始蓬勃发展，但莫克比说，"他发现自己时常想起文艺复兴时期的建筑师莱昂·巴蒂斯塔·阿尔伯蒂（Leon Battista Alberti）的训诫，即建筑师必须'在财富和美德之间做出选择'。"

1982 年，居住在密西西比州麦迪逊县的天主教修女格蕾丝·玛丽（Grace Mary）给他带来了一个"选择美德"的机会。在莫克比的家乡坎顿附近，她请他协助搬迁违建的废弃房屋并对其进行更新以供穷人使用，这促成了莫克比的第一个"慈善"之家的诞生。它由志愿

---

[1] 译者注：威廉·爱得华·伯格哈特·杜波依斯（W. E. B. Du Bois），美国作家，1868 年生于马萨诸塞州一个贫苦黑人的家庭。他以毕生精力研究美国和非洲的历史和社会，投身于美国和非洲的黑人解放运动。

者用捐赠或回收的材料建造而成，造价仅为 7000 美元。房子的主人福特斯·约翰逊（Foots Johnson）和他的妻子以及他们的七个孩子住在这个棚屋里。这个带有天窗的约 1000 平方英尺（约 93 平方米）的小房子是乡村工作室此后一系列住宅设计的前身。"我认为像这样的小项目是老百姓可以做的。"莫克比说道。

这次经历是莫克比第一次涉足被他称为"禁忌之地"的贫困的南方黑人居住区。"我在这周围长大，但是从没走进过这里任何一个住宅。我将那些帮助我建造这座房子的朋友带到这贫瘠之地，他们其中一些人曾经在政治上相当保守。但是当他们真正走进这个世界，他们才开始了解这些居住在这里的活生生的人。"莫克比得出结论，种族问题实质上与经济差距有关。"当你真正着手去做的时候，钱说了算，钱浓于血。在这一点上，我发现人与人之间几乎没有差别。"

莫克比的设计公司计划为非营利组织麦迪逊县反贫困联盟（Madison Countians Allied Against Poverty）选定的贫困家庭建造三套住房。该非营利性组织选择适合的家庭，建筑师负责推测这些家庭的住房需要。基于南部殖民地特有的"dogtrot"① 及 "shotgun"② 的建筑风格进行设计，并荣获了"进步建筑奖"（Progressive Architecture）。但是之后莫克比申请的建设拨款却被拒绝了。莫克比回忆道："如果有钱人走进约翰逊的家，看到他们的处境，我相信他们会给予我们经济上的支持。"于是莫克比开始在油画布上描绘在这片"禁忌之地"上生活的人们。最终，格雷厄姆基金会（Graham Foundation）的资助帮助他渡过了难关。他的第一个研究对象是莉齐·鲍德温（Lizzie Baldwin）一家，她在莫克比母亲患癌症的时候照料她。莫克比在这个家庭中看到了"一种尊重差异存在的强烈的正义感"，并通过绚丽的色彩去展现。这些画作是乡村工作室的开端，其初衷是为了在我们这些从观念上和道德上认同现代社会责任的人和那些不认同的人之间建立一种对话。后来他在《建筑设计》（Architectural Design）杂志中写道："这些画作并不是要美化贫穷，而是要跨越社会的僵局，以诚恳的态度面对无法逃避的事实。"

莫克比的乡村工作室③ 的最后一幅拼贴画作是关于他在 1990 年访问的克莱姆森大学（Clemson University）在意大利热那亚赞助的一个建筑课程，在那里他被学生们的友情深深打动。他回到家之后，萌生了在美国南部创建一个类似项目的想法。

第二年，奥本大学建筑系主任——莫克比的朋友——鲁斯（D. K. Ruth）聘请他为全职教授。鲁斯后来成为乡村工作室在学校里的拥护者和倡导者。两人哀叹建筑教育"越来越注重学术，而不是建造"。鲁斯说："美学与作为设计根本的现实之间的联系正逐渐消失。"不过，奥本大学至少提供了一门动手的训练。"我们让学生做一些小的临时装置，比如，一根横梁，一榀桁架。但是它们之后就会被拆掉。所以，我和塞博在想，也许咱们可以拿着这些材料盖一栋房子，盖一些实质性的东西"。大约在同一时间，3 名奥本大学的学生告诉鲁斯他们想做一个包含设计和建造的毕业设计，鲁斯同意了，前提是他们可以找到经济支持和一个实际项目。不久之后，他

---

① 译者注：dogtrot 是指 19 世纪至 20 世纪初流行于美国东南部的一种建筑风格，通常在建筑中部有一个通道，以便在炎热的气候里通风降温。

② 译者注：shotgun 是指一种狭窄的矩形住宅，房间依次排列，是 19 世纪至 20 世纪初美国南部很受欢迎的一种住宅风格。

③ 译者注：此处是指莫克比担任阿拉巴马大学教职之前，他开设的设计公司，公司名字也是乡村工作室。

们在阿拉巴马州奥本附近的奥波利卡镇找到了一座需要修复的房子，并说服当地历史委员会给予他们一笔 2 万美元的赞助金。这些学生的经历给他带来了启发，鲁斯与阿拉巴马电力基金会（Alabama Power Foundation）的领导人会面，讨论资助的问题。事实证明，他们非常愿意资助建筑系为贫困乡村的人们做些事情。于是，乡村工作室凭借着阿拉巴马电力基金会的 21.5 万美元的赠款在 1992 年成立了。

关于工作室的选址，莫克比说："我熟悉《现在让我们赞美伟大的人》这本书，但我忘了其描写的正是黑尔县。"他和鲁斯希望寻找一个离奥本足够远的地方，这样学生们就不会因校园生活分心。更具体地说，由于莫克比曾于 20 世纪 80 年代在密西西比州麦迪逊县拥有一段无偿工作的经历，因此，他想要找一个在经济、文化和种族构成上和密西西比州麦迪逊县（Madison County）相似的地方。于是，他在黑尔县发现了这样的一个地方，同时这里的森林、山丘和旷远的农田中还蕴含着一种近乎神秘的美。除此之外，该县缺乏建筑规范和建筑监理，这使其成为一个绝好的建造实验室。（不过，莫克比坚持要求工作室将那些未经试验的建筑方法和材料限于自用房的建造，如使用成捆的废纸板。）

对莫克比来说，黑尔县的另一个优势在于为工作室开始运行提供了一个免费的地方。格林斯博罗（Greensboro）一家已经停业的养老院的主人把他们废弃的战前建造的房子借给了工作室。过了两年半，当房主卖掉房子之后，当地的其他赞助者继续支持工作室。格林斯伯罗的居民弗吉尼亚（Virginia）和伊丽莎白·萨夫特（Elizabeth Saft）给工作室提供了一座 19 世纪 40 年代的希腊复兴式住宅，名为"山茶花小径"（Japonica Path）。学生们和莫克比在那里"与家里收藏的古董共同生活了两年半。他们让我们住在那真是太有勇气了"，莫克比说。

接下来，工作室设置在了纽伯恩村一栋建于 19 世纪 90 年代的农舍里，这里位于格林斯博罗南部 9 英里处。土生土长的纽伯恩人威廉·莫里塞特（William Morrisette）是一位成功的退休商人，他虽然已经搬走了，但"总是回来。他对我们的工作很感兴趣，认为社区能接纳我们是件好事。"莫克比说，"纽伯恩居住的大多是老年人，他看到奥本大学的学生能带来年轻的活力，这是每个社区都需要的。"莫里塞特的农舍是工作室的中心。二年级的女生们住在那里，而男生们则住在院中更简陋狭小的房子里。这些小屋互相紧挨着，排列在一个大棚下的柱子之间，由在格林斯博罗、纽伯恩和阿克伦租住的五年级的学生设计。二年级的学生在莫里塞特的厨房里上水彩课，天气好的时候，他们会在结束了一天的工作之后在门廊下休息。威廉·莫里塞特还捐赠了一幢名叫尚蒂利（Chantilly）的住宅，它于 1852 年被废弃，莫里赛特把它从格林斯博罗搬到了纽伯恩。如果能筹到资金，工作室将把它改造成一个包括展馆和供游客过夜的旅社的行政管理中心，里面的电脑也将供社区使用。莫里塞特还在协商购买同一条路上另外一栋房子的交易，它正在被翻新和扩建，供来自其他学校和学科的即将参与一个新的扩展项目的学生使用。

乡村工作室的成功依赖于合作伙伴和赞助商，黑尔县的人力资源部（Hale County's Department of Human Resources）是其中最重要的一个。1999 年退休的部长特丽莎·科斯坦佐（Teresa Costanzo）称，"与乡村工作室的合作是她职业生涯中最大的成就。"这一切始于 1992 年秋天的一个早晨，"一名员工来到我的办公室，说她需要几百美元来维修一个家庭

安德森（Anderson）和奥拉·李·哈里斯（Ora Lee Harris）在他们的"蝴蝶住宅"竣工后不久坐在门廊上乘凉

的低于标准的拖车式活动房。如果无法修好，住在那里的孩子将不得不被送去寄养。"然而，人力资源部没有足够的资金。就在同一天上午，科斯坦佐参加了一个关于住房的社区会议，会上介绍了莫克比。"莫克比刚来到这个地方，他的出现使我脑海里曾经浮现过的但没能实现的想法重现希望。"会议结束后，她打电话给莫克比，说如果奥本大学的学生能做这项工作，人力资源部可以为这个拖车式活动房的修理提供材料。他们一拍即合，乡村工作室很快就开始与人力资源部合作。莫克比说这种关系赋予了工作室的合法性。科斯坦佐开始向每一个班级的学生进行演说，她说："这有关于黑尔县的社会需求，有关于儿童虐待及其发生的原因，有关于社会福利和食品券 ①，学生们因此可以了解到他们以后将要工作的环境。"

　　梅森湾是黑尔县第一个从这次合作中受益的贫困社区。它主要由 4 个大家族构成，约 100 名居民，位于黑武士河的一个拐弯处，距离纽伯恩西北 25 英里，只能沿着一条未经铺设的小路才能到达。工作室从小事着手，修理拖车式活动房、扩大棚屋，逐渐熟悉和融入社区。不久之后，人力资源部开始将需要新房的业主介绍给工作室。人力资源部列出了有需求的贫困家庭，学生

---

① 　译者注：发给失业者或贫民的食物救济券。

们每年从中选择一个开展修缮工作。"我们把
这些备选家庭的情况提供给学生们，他们通过
咨询我们的工作人员和拜访每个家庭来决定哪
些业主将得到新建住房。他们花了很多时间来
做决定，他们非常非常认真。"科斯坦佐说。

谢泼德·布莱恩特（Shepard Bryant）
和艾尔伯塔·布莱恩特（Alberta Bryant）是
乡村工作室的第一批业主。当1993年工作
室开始为他们工作的时候，70多岁的布莱恩特
夫妇，抚养着3个孙子，住在一个没有上下
水和供暖的棚屋里。当学生们设计布莱恩特的
新住宅时，他们逐渐形成了工作室延续至今

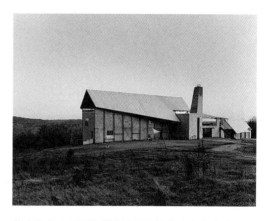

莫克比在密西西比州牛津镇设计的库克住宅（Cook
House）（1991），继承了乡村工作室一贯的建筑审美

的工作方式：每座住宅大约需要一年的时间来完成，15名二年级学生首先通过与业主访谈来确
定他们的需求，然后设计几个方案让业主从中选择出最好的一个，最后开始施工，而后续对材
料和细节的把控留给下一组去解决。虽然未建的设计可以被修改，但前一组学生建造的东西也
将被保留。天气情况和材料到场时间决定了工作计划必须有灵活性。指导教师霍夫曼（Steve
Hoffman）表示："如果能把上课时间标准化，每周都能坚持在这个时间上课，对于我们来说就
已经非常幸运了。"

布莱恩特住宅展示了乡村工作室对独创性的建筑技术和捐赠、回收甚至是捡来的建筑材
料的标志性做法，这也是预算不足的必然结果。回收的材料让这些建筑"有一种被雨淋过的感
觉，它们看起来很耐用。"奥本大学的鲁斯说，"莫克比回收利用废弃材料的才能与生俱来。他
在十岁那年的圣诞节得到了一些建筑材料，他先用这些材料建了一座树屋，之后将其拆掉做
了一个堡垒，然后又拆掉做了一辆改装赛车，之后再次把它拆掉建了第二座树屋。"学生们测
试了几种低技的解决方案，以打造一个绝热良好、价格低廉的住宅。最后，他们决定用80磅
重的干草捆作为布莱恩特家850平方英尺的房子外墙的核心部分，并在外面覆盖了铁丝网和
灰泥。

工作室独特的现代美学从一开始就受到典型的南方乡村的形式和风格的影响，如棚屋、谷
仓和拖车式活动房。例如，布莱恩特住宅（Bryant House），大部分是门廊和屋顶，是由细长
的黄色柱子支撑的倾斜角度很大的亚克力结构。在解释它的美学时，莫克比说："我关注我所在
的地区，我睁大眼睛仔细观察，这样我就知道如何利用现代技术重新诠释它。我们不想尝试做
成南方式的，而是想结束这种粗浅的模仿，尝试做出真实性。当你开始夸张地借用历史形式时，
就背离了初衷。"几乎工作室设计的所有建筑都有看起来像是漂浮在坚固墙壁上的夸张的大屋顶，
莫克比解释说因为该地区的年平均降雨量接近60英寸，"而平屋顶根本无法做到很好地防雨和
排水。"美国西部干旱地区的建筑师们不会遇到这一挑战，因此他们能够更专注于塑造建筑雕塑
感的形式。莫克比将这种气候的限制变成了机会，他把建筑的大屋顶做到极致。屋顶坡度被设
计得很陡，看起来几乎像是飘在空中（像飞行器一样），正如他在哈里斯住宅（Harris House）

燕西小教堂，俗称"轮胎小教堂"，屋顶缓缓升起，朝向风景优美的远方

中使用的手法一样——展开的双翼般的屋顶使它被称为"蝴蝶住宅"（Butterfly House）。尽管是由学生设计的，但这些建筑与莫克比早期和科克尔合作设计的作品——巴顿住宅（Barton House）、库克住宅（Cook House）住宅和帕特森住宅（Patterson House）——非常相似，前两栋位于密西西比州，最后一栋位于田纳西州。

与莫克比为私人客户建造的房子一样，乡村工作室的作品通常是不对称和独特的，这些特点强化了莫克比和及乡村工作室采用巨大屋顶的奇异感。外部材料也和建筑造型一样是非传统的，但即使是最具未来主义风格的建筑，看起来也扎根于所在的社区，因为它们的规模和形式源自当地的乡土建筑。

当布莱恩特住宅接近竣工时，五年级学生斯科特·斯塔福德（Scott Stafford）开始为谢泼德·布莱恩特建造一个圆形小熏制室。他把彩色瓶子嵌入混凝土碎石墙中，让自然光照射进来，并用县交通部废弃的路牌制作了屋顶。这个造价仅有 140 美元的项目花费了斯塔福德一年的时间来完成，同时也为其他五年级学生提供了一个范本。从 1994 年到 2001 年，已有 15 名奥本大学五年级的学生来到工作室，花费一年的时间设计并建造服务于社区的项目——社区中心、棒球场、小教堂、儿童俱乐部等。他们以团队的方式工作，不仅负责设计和建造，同时也要寻找业主、资金和材料。

第一个这样的项目，是位于索耶维尔的 1995 年建造的燕西小教堂，这一开敞的构筑物可以俯瞰风景优美的莫里森农场。这是工作室最著名的建筑，部分原因是它陡峭的屋顶很吸引人注目，同时也是因为其不寻常的墙体结构。学生们用了 1000 个装满混凝土的废弃轮胎来建造教堂的墙壁，这使得教堂的造价仅为 1.5 万美元。在教堂建成后不久，杰夫·库珀（Jeff Cooper）和兰·斯图尔特（Lan Stuart）在同一块土地上对一座"山羊屋"（Goat House）进行了改造设计——这是一次魔术般的探索。学生们选取了一个普通的用混凝土砌块搭建的、曾用于饲养山羊的附属用房。他们打开建筑的中部，创造了一个 2 层高的通高空间。建筑顶部是一个陡峭的尖顶，让人联想到燕西教堂。一个不起眼的建筑从此变得令人赞叹，这也展示了乡村工作室的一个设计如何从另一个设计演变而来。这种演变体现了莫克比不可或缺的作用。"我们决定推倒原来的屋顶，想置入一个阁楼空间，"库珀说，"塞博认为阁楼空间不是必需的，但他让我们自己去领悟这一点。"

阿克伦馆（Akron Pavilion）——由一个巨大的倾斜屋顶及其遮蔽的砖砌平台构成，再一次证明了业主的决定性作用。罗伯特·威尔逊（Robert Wilson）是土生土长的阿克伦人，他在俄亥俄州工作了一段时间后回到了家乡。他捐赠了土地和建筑材料：附近沼泽地的柏树、从一个废弃的列车栈桥上拆下的木材以及从一栋废弃建筑上拆下的砖块。

　　HERO（黑尔县授权和振兴组织）儿童中心是第一个需要满足更广泛的社会需求的项目，它为工作室定义了一个新的工作重点。这栋带有一面单向镜面墙的建筑由4名五年级女生于1998~1999年设计建造，供社会工作者和执法官员观察、采访和辅导遭受虐待的儿童使用。在这座友好而又奇特的建筑建成之前，孩子们必须被带到塔斯卡卢萨（Tuscaloosa），在一个令人生畏的机构大楼里接受评估。

　　2000年在马伦戈（Marengo）县托马斯顿（Thomaston）落成的农贸市场，是工作室第一次离开黑尔县，同时也是第一次尝试介入公共建筑和经济发展。多年来，该镇一直试图孵化一个农民合作社，而建造农贸市场正是为了促成此事。这次尝试取得了成功，建造市场所用的焊接钢结构代表着工作室在建造技术上达到的新高度。"这不再是一个小小的木结构建筑，而是商业建筑，"莫克比显然为工作室在市政项目上的新尝试感到自豪。他也喜欢公共项目给建筑审美带来的更大挑战："小教堂很容易建造得漂亮，因为业主也期望你把它提升到那样一种艺术和精神层面。但这不一定是儿童中心或社区中心的目标，尽管它也应该是。你需要处理那些很难通过建筑层面解决的问题，这可难多了。"

　　2000年1月的课程项目—— 一个为青少年设计的俱乐部也是如此。该项目位于萧条的阿克伦（Akron）镇，这里曾经是一个繁荣的河边小镇和铁路枢纽。"它甚至像不存在一般，"指导教师霍夫曼说，但小镇的领导者迫切希望这里能发展起来。"当我们第一次来到这里时大家都表示欢迎，小镇的人们宴请了我们。但是过了一段时间，有些人显露出了担忧，他们其实并不理解我们想要做什么，"五年级的克雷格·皮维说，"他们不知道我们的意图，所以慢慢开始退缩。直到我们站在全镇人面前阐释我们所做的事情及它的意义、寻求人们的帮助，我们才被社区所接纳，领导者把这个俱乐部视为他们所需要的催化剂。"布拉德·谢尔顿（Brad Shelton）补充说。

　　美轮美奂的梅森湾社区中心标志着乡村工作室另一种风格的开始，一种对建筑美学的追求。厚重、低矮的夯土墙由当地黏土和硅酸盐水泥用气动夯压实而成，上面漂浮着一个折叠的、具有雕塑感的屋顶，沿着屋脊用一面层叠的汽车挡风玻璃墙进行强化，创造了一种鱼鳞般的效果。霍夫曼说："这就像你拿起一张纸，把它折起来，轻轻地放在这些巨大的墙上。"当提及社区中心是另外一种类似教堂的结构时，非教徒莫克比抱怨道："我在这里没有看到十字架，也没有看到六芒星。"在与乡村工作室的另外一个作品——燕西教堂（Yancey Chapel）进行比较时，他说，"燕西教堂所在的索耶维尔非常浪漫和完美。而这儿是一块棘手的场地，它也是社区的一部分。在这个贫穷的地方，你不可能期望得到一个精致的建筑。我认为这个建筑很棒——这大概是由于作为一名建筑师，我对意料之外的东西很感兴趣；而作为一名南方人，我总是为弱者工作。"HERO主管吉姆·凯伦（Jim Kellen）最终想把这栋建筑用作一个电子设备连接站点，让梅森湾的居民能够在此接入计算机社区网络。但是因为没有资金，这一前景似乎遥遥无期。莫克比同样梦想着这里可以与伯明翰一家医院的电子设备相连，让这栋建筑成为一个诊断和治疗的场所。不过现在，它只是梅森湾的一个光彩夺目的小教堂。

　　乡村工作室目前的重点和方向正转向规模更庞大、流程更规范、技术更复杂的建筑。与此同时，它还在延伸工作范围，为来自其他学院的非建筑系学生提供拓展项目。2000年夏天，该工作室与7名学生开展了第一个为期10周的拓展项目，其中包括马萨诸塞州汉普郡学院中世

谢泼德和阿特伯塔·布莱恩特在他们的"干草住宅"

纪历史专业的一名学生、纽约大学历史与电影专业的一名硕士研究生以及阿拉巴马大学医学科学专业的一名学生。他们的工作主要围绕梅森湾的污水处理系统、社区的口述历史和一个编织篮子的工作室展开。整个团队在梅森湾的新社区中心后面建了一个篮球场。奥本大学的系主任鲁斯希望工作室最终能成为乡村拓展计划的一个分支,将这个地区作为一个实验室,让学生以不同的方式看待事物,接受现状并改变它。他和莫克比一致认为,尽管拓展项目还有很大的增长空间,但原先的建筑教育项目需要维持较小的规模,以便于管理,并鼓励学生和教师之间的亲密关系,这对工作室的成功至关重要。如果继续扩大建筑教育项目,不仅会改变其性质,而且会增加管理上的负担。莫克比和他的两个同事已经超负荷了。

工作室几乎没有收到过负面评价。社会上存在一种假设和偏见——如果中产阶级白人学生要为贫穷的黑人服务,那么这个项目就一定会带有家长式作风的权威和强迫。莫克比对这种想法感到愤怒:"这是双向的。我们不进行评判也不提出问题。没有人觉得有谁在利用谁。"莫克比说,工作室的工作是一种学术训练,作业就是盖一所房子。他还说,业主知道自己正在为学生的教育做出贡献。"我们以诚相待。学生们开始学会尊重业主——那些他们以前在街上不会了解到的人——这真是太好了。"确实,学生们在谈到他们的业主时总是带着喜爱和钦佩。1997

年毕业的乔希·库珀说，在他开始设计布莱恩特住宅前，穷人对他来说只是个抽象概念，但最终谢泼德·布莱恩特（Shepard Bryant）成了他的榜样。"我看到他每天早上起床去钓鱼，不是为了娱乐，而是为了养活他的家人和那片地区的人们。冬天他也总是为我们生火取暖。"莫克比也很尊敬谢泼德，他形容谢泼德是"一个温和的老人，他经历了无数的苦难，但对此欣然接受，宽容对待自己和别人，不抱怨，也不为任何事生气。"

工作室与布莱恩特一家的合作经历也表明，工作室不会将自己的想法强加于业主。艾伯塔·布莱恩特说服莫克比和学生们改变了她住宅的选址，因为"我想让人们看到它。"谢泼德因为自己年事已高无法爬楼梯，于是否决了学生们最初想要设计一栋两层建筑的想法。

对于雇佣乡村工作室的业主来说，一个明显的缺点是"一切都需要更多的时间，"地区法院法官兼 HERO 主席威廉·瑞恩（William Ryan）说，"你必须理解，他们在边做边学，这是一个折衷的选择。"而好处便是得到一座比在商业市场上更有活力、更有想象力、花费更少的建筑。

1992~2001 年间，有超过 350 名二年级学生和 80 余名五年级学生参加了乡村工作室。那么，为什么其他建筑院校没有催生类似的项目呢？莫克比曾在国内多所建筑院校发表演讲，他说，几乎所有的建筑学院都有相似的课程和反感冒险的老师，"他们中的大多数人都穿着黑色的衣服、似乎都在说同样的话。这就变得非常陈腐，而且缺乏想象力。"如果建筑要"推动、引导、激活一个社区，或者挑战现状、做出负责任的环境和社会结构变革，就需要学者和从业者具有颠覆性的领导力，不断提醒学生建筑行业所需要承担的责任。"莫克比还说，没有人比他更喜欢画画和制作模型，但是，这些并不是建筑。乡村工作室将建筑教学带出了理论领域，使之成为真实的建造，并向学生展示建筑改变生活的力量。"通过自己的努力和想象，学生们创造了一些奇妙的东西——建筑的、社会的、政治的、环境的、美学的——而这就是乡村工作室的使命。一旦他们尝到了滋味，这些奇妙的东西就永远存在了，它可能会在某段时间沉寂，但至少他们已经经历并创造了一些他们不会忘记的东西。

这个项目难以复制的一个主要原因，正如五年级学生安迪·奥兹（Andy Olds）所说，"其他学校没有莫克比。"莫克比提供了一个罕见的榜样——勤奋、有艺术天赋、拥有脚踏实地的智慧、宽容和同理心。他允许学生自己犯错，这在他那些出了名的事无巨细的同行中显得尤其与众不同。"我已经学会了去相信他们的智慧，"莫克比说，"让他们独立推动事情发展，而我不会一直跟随。"

在问及他希望留下的东西时，莫克比特别谈道："那些在我离开之后还将拥有力量并长久存在的东西。我已经很接近了但还没有做到。我必须不断耕耘并矢志不渝地追求，这样留下的东西才会尽我所能得有意义。"这就是乡村工作室卓越不凡的原因。

梅森湾

梅森湾得名于围绕它的黑武士河（Black Warrior River）的一个河湾，它不是一个城镇，甚至连村庄都谈不上。这是一个由四个大家族组成的社区——布莱恩特（Bryant）家族、哈里斯（Harn's）家族、菲尔德（Field）家族和格林（Green）家族——加起来大约有100人。他们临时搭建的棚屋和拖车式活动房沿着一条铁红色的、没有铺砌的道路铺开，掩映在杂草、荆棘和葛藤覆盖的阴影中。这是一个藏在深处的穷乡僻壤，只有当你从15号县道拐几个弯后才能看到它。莫克比说："这个地方最重要的特点，是被忽视，我称之为一个贫穷的角落。"

布莱恩特（干草）住宅，1994 年
BRYANT（HAY BALE）HOUSE，1994

上了年纪的谢泼德·布莱恩特（Shepard Bryant）靠捕鱼、打猎和种菜为生。他和妻子艾尔伯塔（Alberta）以及孙子们住在一间摇摇欲坠的棚屋里，既没有暖气也没有上下水，只有大量可以让爬行动物前来"拜访"的洞。"下雨时，我们不得不把家具堆放在角落里，"谢泼德说。当棚屋快要倒塌的时候，他不得不着手建造一所新房子。就在这时，黑尔县人力资源部（Department of Human Services）把他的困境告诉了莫克比。"所以，我们问谢泼德是否需要我们的帮助，"莫克比说。如今，已经完工的住宅伫立在旧棚屋旁，见证了创新、善意和进步。

布莱恩特干草住宅于 1994 年完工，是乡村工作室的第一座建成项目。它为乡村工作室之后的一系列住宅项目确立了几个特质。莫克比说："最重要的是，我们的目标不仅仅是要建造一个温暖、干燥的住宅，而是要建造一个温暖、干燥、同时蕴含一种精神在其中的住宅。"这种态度，加上坚持根据每个家庭的具体需求量体裁衣，并使用创新的建筑方法和回收的、不同寻常的建筑材料，使乡村工作室的设计明显有别于其他低收入住房项目。对个性和美学的强调也限制了乡村工作室设计的项目数量。

独特的建造方式让这座房子有了绰号，"干草住宅"。为了满足低造价和良好的热工性能的要求，学生们在尝试和放弃了许多低技方法之后，选择了 80 磅重的干草捆作为墙体的基础结构。他们将干草打包成捆并用聚氨酯包好，像砖块一样堆叠起来，用铁丝固定，然后在上面涂上几层灰泥，创造出了价格低廉且保温性能出色的墙体。布莱恩一家曾经对使用干草作为建筑材料表示怀疑和不安。而现在，谢泼德·布莱恩特可以平静地谈起莫克比和他的工作室："我相信是上帝派他们来的。"为布莱恩特一家和他们的邻居建造房屋也包含着为这些人服务和与之为友——这些居民的感受与情感一开始对许多学生来说是陌生的。"我希望通过直接面对贫困问题，让他们理解一些事情，而不是灌输政治上那些东西。"莫克比说道，"这些居民都是好人、普通人，他们不知道如何摆脱贫困。我希望在与他们合作的过程中，学生们学会理解并接受他人。"

布莱恩特一家告诉莫克比和他的学生，他们希望三个孙子每人都有一个足够大的房间，可以容纳一张床和一张桌子；他们还要求房子前面有一个门廊，在那里他们可以同邻居和家人欢聚。他们否决了一个 2 层楼的方案以及原来的选址，最终将住宅确定为一层并包含 850 平方英尺的居住空间。在建成的住宅中，三个桶形的空间像手指一样从室内主体空间后伸出。主体空间围绕一个烧木柴的火炉布置，上面有一扇天窗。出于隐私考虑，布莱恩特夫妇的卧室位于房子的另一侧,与孩子们的房间相对,并配备了彩色玻璃侧窗。

布莱恩特一家大部分时间都待在前廊下。顶部是半透明的波纹亚克力屋顶,由搭在一排淡黄色木柱上的裸露横梁支撑,木柱立在混凝土支座上。你通常会发现艾尔伯塔坐在她的扶手椅上,周围环绕着一盆盆植物和她丈夫当天从附近的黑武士河里钓来的鱼。当访客参观布莱恩特一家的房子时,莫克比通常会在客厅沙发上打盹,而艾尔伯塔则手舞足蹈、侃侃而谈,"我很高兴拥有这座房子,"她说,"孩子们也很高兴,甚至连家禽和宠物们都很高兴!我为我的房子感到骄傲。"所有的花销,基本上都用于购买建筑材料,总共 1.5 万美元,全部来自补助和捐款。

从美学角度来看,布莱恩特住宅由坚固和脆弱、不透明和半透明的材料巧妙组合而成。坚固且低矮的体量主要来源于该地区的简易棚屋和其他普通建筑。但它的门廊——尤其是被称为阳台的时候——让人联想到美国内战前的豪宅。大卫·布鲁格(David Bruege)在《莫克比与科克:思想与过程》(Mockbee Coker : Thought and Process)[1] 中写道,莫克比的思想和创作过程是"对平凡事物的歌颂,尽管它以一种温和与近乎神秘的混合方式,但却展示了对高雅艺术的终极渴望"。干草住宅就是这种想法的例证。

房子完工后不久,五年级的学生斯科特·斯塔福德(Scott Stafford)在几码远的地方为谢泼德·布莱恩特建造了一座熏制室。这个被莫克比称为"阿拉巴马朗香教堂"的毕业设计项目,是一个拥有曲线屋顶的圆形小建筑。斯塔福德用混凝土碎块建造了墙体——这些混凝土碎块大部分来自附近一个废弃的筒仓以及州交通部拆除的路缘石,从而将建造成本降低至 140 美元。他在墙上嵌入玻璃瓶以让光线射入,并用废弃的路牌作为屋顶材料。布莱恩特在他的熏制室里一边炫耀一个鲶鱼头,一边说道:"光线穿过瓶子闪烁着,让它在晚上看起来像一个小城市。"

---

[1] 译者注:《Mockbee Coker : Thought and Process》,塞缪尔·莫克比和科尔曼·科克(Coleman Coker)著,由罗利·莱克(Lori Ryker)汇编,于 1996 年出版,记录了塞缪尔·莫克比和科尔曼·科克从 1986 年开始的建筑实践项目。

布莱恩特一家摇摇欲坠的棚屋（左边）被乡村工作室的第一个建成的房子所取代（右边）

从 1994 年到 2000 年，时光的流逝柔化了房子的形态

到 2000 年（上图），布莱恩特一家把门廊用龟壳、绿植与他们收集的各种各样的物品进行了个性化的布置

三个桶形的空间是布莱恩特的孙子们的卧室（对页图），独立的圆形构筑物是熏制室（上图）

六年前及现在的谢泼德·布莱恩特与他的熏制室（对页图与上图）

1994 年起居室（对页图）和 2001 年的起居室（上图），艾尔伯塔把她的假肢放在一个沙发上

布莱恩特的孙子们的三个卧室之一（对页图）和主卧室（上图）

哈里斯（蝴蝶）住宅，1977 年
HARRIS（BUTTERFLY）HOUSE，1997

　　乡村工作室的业主通常对能得到一栋新建的、免费的房子感到欣喜若狂，但一位上了年纪的退休农民安德森·哈里斯（Anderson Harris），起初却拒绝了这个提议。莫克比回忆起他第一次拜访年迈的哈里斯和他的妻子奥拉·李（Ora Lee）时的情景，"他们说'不，我们不需要，我不会选择其中的任何一个。'就好像我在推销保健品一样。"莫克比解释说："来自密西西比州的白人大块头塞博给你送来一些东西，并对你说'我们不想改变你，只是想帮助你。'换做是你，你也会感到担心的。"哈里斯反驳道："我并不害怕白人。我虽然一无所有，但我也害怕你们会夺走我现有的一切。你明白吗？"就在那一天，莫克比回到他的卡车上，对跟他一起来的一小群学生说，"这世上没有任何一家建筑公司会为这个家庭建造房子。他们几乎是被遗弃的人，如果你们选择帮助他们，你们将会做出一些很了不起的事情。"学生们接受了这个挑战，经过一番劝说，哈里斯让步了。事实证明，他对设计和施工过程津津乐道。"他喜欢旁观学生们的工作并帮助他们，"莫克比说，"学生和被帮助的家庭之间的化学反应都以我一直希望的方式发生着，我也知道它一定会发生。"很快，哈里斯开始为学生们做饭，烹饪他在附近树林和田野里猎到的东西。

　　哈里斯住宅的设计灵感来自莫克比在 1994~1995 年间在附近的布莱恩特住宅施工时对哈里斯夫妇的观察。"他们总是待在自家的门廊上，这里的宽度大概不到六英尺，长度不超过十四英尺。当我去拜访他们时，我们也都坐在门廊上。我知道门廊对于他们很重要，同时，这也不应该是一个有空调的住宅。"

　　哈里斯一家共 600 平方英尺的新房子几乎有一半是门廊，通风良好。门廊翼状的镀锡铁皮屋顶，由倾斜角度很大的木材支撑，这解释了这座房子的昵称"蝴蝶住宅"的由来。有两个相交的矩形构成的屋顶创造了一个 250 平方英尺的有遮蔽的门廊，并让这个住宅看起来像蝴蝶一样蓄势待飞，轻盈又通透。陡峭的坡屋面可以收集雨水并引入蓄水池，用于冲厕和洗衣。但是这个戏剧化的屋顶的主要目的是引入凉爽的风。事实上，最大化自然通风的需求驱动了这一设计：壁挂式排气扇和可操控的天窗引导气流贯穿整栋建筑。冬天，遮阳篷式的面板可覆盖天窗，烧木柴的火炉可以保证这个一居室的房子温暖舒适。

　　为了能使奥拉·李的轮椅通过，学生们设计了入口坡道和宽大的门，并在浴室里安装了扶手和低矮的固定装置。通过使用镀锡铁皮作为屋面材料，以及从附近一座正在被拆除的 105 年历史的教堂回收的松木作为外饰面材料，住宅的建造成本被控制在 2.5 万美元左右（另外加上 5000 美元的水箱和一个湿地污水处理系统）。

在乡村工作室于 1997 完成这种住宅之前，安德森和奥拉·李一直都住在一个没有暖气和上下水系统的棚屋里，它现在还被保留着。"我不会让任何人弄乱它，"哈里斯说，"唯一让我讨厌的是没有浴室。"如今，安德森·哈里斯坐在他那照片和剪报几乎贴满了墙壁的客厅里，仍然在抱怨这个新房子比以前那摇摇欲坠的棚屋要小。"我的东西没处放，"他嘟囔着说。但是，他并不想搬回去，新家的上下水系统以及妻子能在家里轻松自如地活动让他感到很满意。

哈里斯一家以前的房子

1997 年，安德森·哈里斯与奥拉·李·哈里斯从棚屋（对页图）搬入他们的新房子（上图）

可以充分通风的门廊通向房子的其他部分（对页图，1997；上图，2001）

曾经被用作住宅的一辆校车（上图）被移到了哈里斯一家的后院，它原先所在地点将用于建设梅森湾社区中心（对页图）

梅森湾社区中心，2000年
MASON'S BEND COMMUNITY CENTER, 2000

当你开车穿过梅森湾一条满是灰尘、未经铺砌的小路，沿路两旁是生锈的拖车式活动房和破旧的棚屋，梅森湾社区中心就如一个当代的幻影一样引人注目。莫克比将其描述为"一个用挡风玻璃建造的小教堂，底部的夯土墙借鉴了当地的乡土形式和造型"。像小村庄里的其他建筑物一样，社区中心从土地里生长出来。它坐落在一个宽阔的、与铁锈色道路融合在一起的夯土基础上，从后面看可能会被误认为是一个旧谷仓。莫克比认为它"如同任何一座你可以在美国找到的建筑一样，是很前卫的"。

这个社区中心是福勒斯特·富尔顿（Forrest Fulton）、亚当·格恩特（Adam Gerndt）、戴尔·拉什（Dale Rush）和乔恩·舒曼（Jon Schumann）的毕业设计，他们于 1999 年秋季开始设计和建造工作。富尔顿说，他们在梅森湾帮忙建造住宅的同时，花了整整一个月的时间寻找新的项目。"我们想在梅森湾工作，因为那里有做一些事情的需求和传统。"他们认为，与建造一栋住宅相比，建造一个社区公共建筑会教给他们更多的东西，同时也会产生更大的价值。因此，他们决定建造一个可以兼做教堂的社区中心。在此之前，一辆拖车式活动房被当作教堂使用。社区中心的选址位于道路的边缘，是流动图书馆和移动医疗站的天然停靠地。

设计方案在很大程度上是由场地决定的。这块三角形的场地毗邻梅森湾四个大家族中的三个，属于"蝴蝶住宅"的主人安德森·哈里斯。作为土地使用权的交换，乡村工作室将哈里斯儿子居住的一辆旧巴士从场地中移到了哈里斯的后院。

设计一开始是一个封闭式结构，最终却变成了一个开敞的构筑物，它占地 15 英尺 ×30 英尺，与原先的旧巴士相似。富尔顿说，从一开始，学生们就想要"一个有着厚重的、低矮的墙的纪念物，像废墟一样。我们想要一个质朴的、但可以为社区增加价值的东西，一个不平凡的东西。"这个建筑作为支撑的底部夯土墙长而低矮，使人联想到船头的形状；上部折叠的金属和玻璃屋顶提供了所需要的现代形象。

建筑引导访客穿过一个狭窄的被铝板覆盖的入口，进入一个顶部是鱼鳞状玻璃表皮的中庭。中庭地面由砾石铺设，微微高起，与覆盖着黑色混凝土的较低的侧廊地面形成鲜明对比，与之对应的是屋顶处的弯折，这也解释了为何建筑背立面看起来像谷仓。

与大多数乡村工作室的作品一样，社区中心是充满想象力的典范。夯土墙由 30% 的黏土和 70% 的砂石组成。这种混合物加入硅酸盐水泥，倒入 6 英寸 ×8 英寸的模板中——他们称之为升降机——然后用气动夯实机进行压缩。为了建造桁架，学生们在阿克伦本地人——工作室赞助商鲍勃·威尔逊（Bob Wilson）的土地上砍伐柏树，然后把木材送去加工和层压，并用剩下的木料制作手工长凳。由于没有购买玻璃的预算，学生们想到了回收的汽车挡风玻璃。舒曼（Schumann）了解到在他的家乡芝加哥有一个废料场正在举办"pull-a-thons"①活动，可以让顾客在一首歌的时间内得到所有他们可以拖走的东西。于是，他花 120 美元，得到了 80 块雪佛兰汽车的挡风玻璃。与此同时，这座建筑的钢结构材料，是由一位撰写过乡村工作室故事的新闻记者和他的家人捐赠的。除了材料的购买和捐赠，社区中心的造价约为 2 万美元，这笔费用由旧金山的波特雷罗·努埃沃基金（Potrero Nuevo Fund）承担。

梅森湾社区中心是一件前卫的设计作品，完美地融入了乡村环境。它是一幢由一群 21 岁的年轻人为连房租都付不起的穷人建造的公民建筑，它体现了莫克比的训诫："在有尊严的基础上行事"。

---

① 译者注：pull-a-thons，常常在汽车修理厂或废弃停车场举办，参与者支付一定的门票费用，就可以在规定时间内将自己所需的汽车零部件拖走。

由汽车挡风玻璃组成的立面（对页图）覆盖着高起的中庭和侧廊（上图）的一部分

建筑引导人们经过狭窄的入口进入一个既可作为会议也可用于小教堂的空间

长长的夯土墙、高耸的金属与玻璃折面屋顶，构成了梅森湾的显著地标

临近的游戏场成为社区中心的背景

纽伯恩
NEWBERN

当黑尔县授权和振兴组织执行董事吉姆·凯伦（Jim Kellen）说："在纽伯恩最重要的东西就是乡村工作室"时，你无法对此进行反驳。而第二重要的东西则是一家单层的综合商店 Newbern Mercantile，因店主名为戈登·布鲁克斯·伍兹（Gordon Brooks Woods）而被称为"GB's"。它的前廊充当了纽伯恩镇的公共广场。经过了商店和隔壁的邮局，你就已经离开了纽伯恩的中心。纽伯恩总人口 254 人，地势如桌面般平坦。

1816 年，纽伯恩在肥沃的"黑色地带"中心区创建起来，在棉花为王的年代，它是个富裕的农业城镇。现在留下的只有几座教堂和仓库，它们的立面被反复地修补，仿佛是用镀锡铁皮缝制的被子。用凯伦的话说，纽伯恩是一个"非常偏远、孤立的社区"，其共有 16870 名居民，平均年收入仅为 1.3 万美元。除了鱼类加工和牲畜饲养，人们很难找到其他的工作。

乡村工作室就在纽伯恩安家。在 GB's 综合商店对面的工作室曾经也是一家商店。莫里塞特住宅（Morrisette House）是建于 20 世纪 90 年代（维多利亚时代）的一座农舍，现在是二年级女学生居住、聚餐和讨论的地方。同样建于 20 世纪 90 年代维多利亚风格的斯宾塞住宅（Spenser House）则是工作室的教授和暑期拓展项目参与者的基地。房子后面的扩建部分包括一间可就餐的厨房和公共房间，用莫克比的话说，它提供了"一处美丽的内陆景观，东面面向一个鲶鱼池"。尚蒂利（Chantilly）建于 19 世纪 40 年代，一开始是一栋四室小屋，大约在 1854 年，它的两侧加建了侧翼，并增添了华丽的装饰，变成了"阿拉伯风格"或"蒸汽船哥特风格[①]"。1999 年，乡村工作室的赞助商威廉·莫里塞特将尚蒂利从格林斯博罗搬到了他在纽伯恩所拥有的一块土地上，并把它捐给了当时正在翻修它的乡村工作室。

---

① 译者注：Steamboat Gothic，蒸汽船哥特式建筑，是指一种发源于美国南部的建筑风格，以精致的装饰为特点。

莫克比坐在 GB's，纽伯恩的杂货店前

一个学生正在制作尚蒂利住宅模型（对页图）；乡村工作室 2001 年的毕业典礼在尚蒂利住宅前的露天剧场举行
（上图）

大棚与豆荚，1997~2001 年
SUPERSHED AND PODS, 1997~2001

这个谷仓状的"大棚"高 16 英尺，长 144 英尺。它庇护着"豆荚"们，即二年级男生居住的小屋。（工作室的办公室经理和事实上的管家安·兰福德决定把女生们安排在更舒适的莫里塞特住宅里居住。）这些"豆荚"紧密地安置在大棚木柱形成的 9 个 16 英尺高的空间里。"豆荚"是各种材料、颜色、肌理和奇特形状的大杂烩，他们将这些东西组合到了极致。这个建筑的形式阐释了莫克比对自己工作方法的描述。他将其描述为不断地拼贴各种想法和经历，无论是绘画、建筑创作，还是领导乡村工作室。像莫克比的大多数作品一样，大棚和豆荚的不同部分形成了一个连贯的整体：豆荚大小一致并且平行排列，面对着一个公共长廊，形成了一种仿佛将不同立面焊接在一起的街道界面景观。人们很容易把大棚与豆荚的关系类比为莫克比与学生的关系，老师为学生提供了宽松的管理和共同的目标，就像大棚统一了多样的豆荚一样。

莫克比第一次想到在一个大跨度构筑物下面建造住宅是在 15 年前的一次周末研讨会上。这个研讨会在密西西比州立大学举办，讨论低收入住房的新理念。他说："我看向窗外的风景，看到棚屋盖在拖车式活动房和农业建筑之上作为保护。"莫克比在 1997 年开始了这个项目，让四名在进行毕业设计的学生——克里斯·罗宾逊、巴纳姆·蒂勒尔、托马斯·帕尔默和贾罗德·哈特——来建造一个金属屋顶的构筑物。大棚用从过去铁路栈桥上回收的大量木材作为支撑，以"防止雨水淋到那些有价值的东西，"莫克比说，"这也让我们可以在屋顶下自由地进行建筑创作。"大棚下的五座小屋使用了各种各样的材料——旧的道路标志牌、钢板碎片、当地报纸的印刷板，以及一位县法官捐赠的剩余车牌。其结果是一种奇特的乡土美学。建成后，它将为 18 名学生提供 9 个居住单元。莫克比当时并没有联想到托马斯·杰斐逊（Thomas Jefferson）[1] 设计的夏洛茨维尔（Charlottesville）校园[2]，但当他 1997 年去弗吉尼亚大学任教时，他意识到纽伯恩的这个建筑群同样拥有一条以两侧住宅为边界的长廊，虽然不如杰斐逊设计的夏洛茨维的建筑群复杂，但在原则上是相似的。从第一个豆荚被设计成面向中心空间时开始，阿拉巴马州的一个"学术村"[3] 诞生了。

---

① 译者注：托马斯·杰斐逊（Thomas Jefferson），美国第三任总统，《独立宣言》主要起草人，弗吉尼亚大学创办人。
② 译者注：此处是指弗吉尼亚大学，1819 年由托马斯·杰斐逊于美国弗吉尼亚州的夏洛特斯维尔创建。
③ 译者注：学术村，academical village，指弗吉尼亚大学的由大草坪和两侧建筑组成的标志性校园空间，这一空间模式已成为大学校园的一种范本。

作为一种生活区的布局，大棚和豆荚促进了学生之间以及学生与教授之间的紧密关系。事实上，史蒂夫·霍夫曼、詹姆斯·柯克帕特里克、玛妮·贝特里奇和大卫·波恩为莫克比建造了第一个豆荚，而另外三个豆荚也紧随其后，它们分别是由梅丽莎·维尔尼、布兰迪·波特维尔和安德鲁·莱德贝特做的。2001年，安德鲁·奥尔兹、艾米·霍尔兹和盖比·康斯托克完成了一个被称为"纸板豆荚"的作品。它代表了对另一种类型的一次性材料的创造性使用：捆扎的废弃瓦楞纸板。三年前，当莫克比为伊芙琳·路易斯（Evelyn Lewis）设计房子时，曾考虑过用捆扎纸板作为墙体，但因不切实际而放弃了这个想法。然而，这激起了奥尔兹、霍尔兹和康斯托克的兴趣。他们在参与路易斯住宅项目时正在读二年级，等到了五年级又回到工作室，继续研究捆扎纸板作为建筑材料的使用。

这种捆扎纸板是由一种制造工艺产生的，这种工艺将有瓦楞的、浸渍过蜡的纸板按尺寸打包，然后切成条状、捆扎，最后将剩余物填充到层与层之间。由于纸板上浸透了蜡以保证防水，所以它几乎不可能回收利用，通常的结果是在垃圾场被填埋。但是作为一种建筑材料，它的密度保证了很好的隔热性能，而32英尺×28英尺×78英尺的大小可以让捆扎的纸板像巨大的砖块一样堆叠起来。奥尔兹和他的团队就是这样建造他们的豆荚的，他说"想看它能支撑多久"。如果豆荚被证明是耐用的，正如莫克比和他的学生们认为的那样，工作室计划在长廊的端头设计并建造一个捆扎纸板教室。它与弗吉尼亚大学杰斐逊图书馆类似，但它的美学"对于所处时代而言"将是前瞻性的，莫克比强调着。

大棚的坡顶朝向三座独特的小房子——一座堆肥厕所和两座淋浴房，一座淋浴房是封闭式的，而另一座淋浴房顶部开放。像它们所属的复杂建筑群一样，淋浴房和厕所（雅基·奥尔白，杰米·菲利普斯和艾米·霍尔曼的作品）是不同形状和材料的混合体：厕所，建在含有堆肥机制的混凝土块基座上，表面被旧车牌覆盖，银色的一面向外，像瓦片一样排列，顶部是一个长而浅的山墙；封闭式淋浴房是T形的金属结构，位于一个圆形的砖基座上；开放式淋浴房是一个砖和玻璃碎片组成的圆筒。当被问及为什么这个淋浴房是露天的，奥尔兹说："我想是为了有趣吧。"

大棚下排列着的豆荚

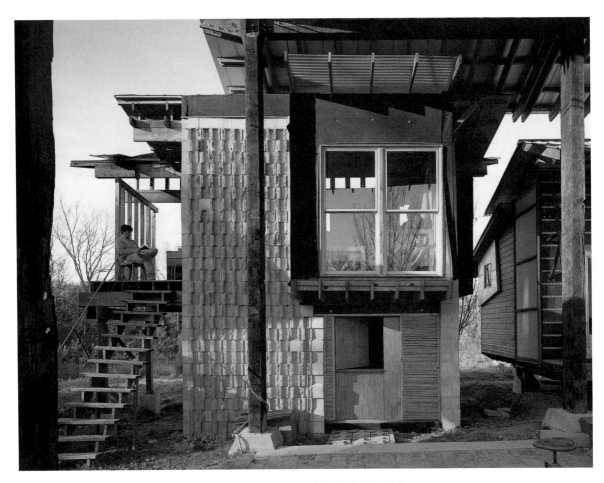

学生住宅的布局兼顾了个人空间与团体活动

学生们在乡村工作室的作品中设计新的作品

纸板豆荚（2001）是用废弃的、浸渍过蜡的捆扎瓦楞纸板建造

纽伯恩露天棒球场，2001 年
NEWBERN BASEBALL FIELD，2001

莫克比的作品说到底是关于美学和道德的。关于乡村工作室，他说："是真正用艺术去提升人们的生活品质。"纽伯恩棒球俱乐部场地的挡球网设计就是这样，它以富有诗意的雕塑风格取代了锈迹斑斑的老旧围墙，给备受欢迎的、有着几十年历史的老虎队的主场纽伯恩棒球俱乐部带来了尊严，并令人兴奋。

乡村工作室对运动场的改造始于 1998 年在格林斯博罗自助商店举行的一次偶然的会议。在一个春天的周末，几名二年级的学生——杰伊·桑德斯、玛尼·贝特里奇、和詹姆斯·科克帕特里克遇到了一个叫"蒂尼"的人，带他们第一次去看了纽伯恩老虎队（Newbern Tigers）的棒球赛。桑德斯回忆道："我们见到了球队的经理梅杰·沃德（Major Ward），我们或许是那里唯一的白人。我们知道这是一个非常特别的地方，但在接下来的三年里却把它淡忘了。"2000 年秋季，当这三个人作为五年级学生回到学校时，沃德建议他们把棒球场修缮作为一个可能的毕业设计项目。原有的建于 20 世纪 70 年代的挡球网框架，是由俱乐部成员从场地上砍下的松树和雪松制成的，现在已经腐烂，挡球网是用细铁丝网拼成的。

桑德斯把旧围栏视为"一座美丽的雕塑"，他担心把这个地方弄得一团糟。五年级学生的教授安德鲁·弗里厄解释说："棒球在这里是一件大事。"纽伯恩俱乐部是旧黑人联盟保留下来的一部分，是黑尔县最大的俱乐部。"有一些前球员曾在辛辛那提农场工作，"弗里厄说，"人们会特意从伯明翰和亚特兰大赶来观看比赛。"他估算他在 2000 年 7 月 4 日观看的一场比赛吸引了约 500 名观众。比赛中有一些细节已经变成了约定俗成的仪式。你会发现常客们在每场比赛中都坐在同一个座位上，小摊贩们在他们指定的地方售卖炸鲶鱼和薯条。

桑德斯回忆说，在 2000 年秋天，他和科克帕特里克、贝特里奇参加了社区会议并提出了一些初步的想法，参加会议的还包括 55 岁的前投手兼财务主管埃迪·史密斯，在比赛中售卖玉米肉饼并负责修剪场地的梅尔文，还有一直穿着他的旧球衣负责收门票的前球员华盛顿·特纳。桑德斯说，当他们因为没有从会议上得到反馈而感到沮丧时，"镇长沃德告诉我们'你们继续做下去吧'。慢慢地，我们建立起了一种关系。"这些事情帮助桑德斯减轻了一开始"把事情搞砸"的顾虑。事实上，当工作室拆除现有的挡球网时，史密斯和其他人站出来提供了帮助。

起初，学生们各自独立进行挡球网的设计。之后作为一个团队，他们将三个概念整合到一起，并合作解决问题。"这很难，"桑德斯说，"因为在建筑学院，多年来我们都是独自工作的。"在奥本大学园艺系的帮助下，他们建造了一个新的投手丘和一个新的本垒板，清理了矮树丛，为场地播种施肥，最终赢得了棒球俱乐部成员的信任。学生们制作了关于场地和在场地之上发生活动的录像带，并开始和球队一起打棒球。"慢慢地，事情变得非常明朗，"桑德斯说，"建筑并不是那么神圣，木材和铁丝网也不是那么重要，甚至棒球比赛也不是。重要的是周日聚集在这里的人们，是汽车和比赛之中创造的气氛，是孩子们四处奔跑，是老人们对判罚的激烈质问，也是苏西·李·威廉姆斯在售卖鲶鱼。"

由于棒球场既没有水也没有电，学生们在乡村工作室的车间里预制了钢结构（材料由阿拉巴马州民事司法基金会捐赠）。学生们在每个钢柱上安装了一个"关节"，并从那里伸出 V 形支架。从支架上，他们展开了一个双层的铁丝网，从本垒板后面的高点向下蜿蜒到第一和第三个本垒板后面，从而在"关节"上方形成了一个 V 形的弯曲的槽，可以回收出界的球，并让它们滚回边界。为了在不妨碍比赛的情况下尽可能远离本垒收球，学生们在三垒后的围栏上开了一个洞，在它之外，围栏有一条很低的"尾巴"。场地的视野畅通无阻，没有水平构件阻拦。在下午稍晚一些的比赛时间，看台后的挡球网可以给看台遮阴，而且没有任何反光。因为生锈的旧围栏不会反射刺眼的阳光，所以学生们决定让新围栏自然生锈。桑德斯说："希望随着时间的推移，它会变得更好。"

桑德斯说："在新的挡球网中存在很多旧挡球网的片段。那些我们喜欢的部分，倒着的铁丝网、松弛下垂的外观，都被我们带回新的设计中。"

在第一道底线围栏和球员休息区的视角

索耶维尔
SAWYERVILLE

"它像是路上的一个小点。"莫克比说。索耶维尔坐落于 14 号公路旁,在格林斯博罗的西北方向 8 英里处,这里有一条东西走向的乡村道路,连接着几个小村庄,这些村庄被一些更小的、大多经过铺设的小路环绕。与纽伯恩相似,索耶维尔的中心区域比一个邮局大不了多少。另一方面,索耶维尔地区的人口超过 2000 人,其中大部分是非裔美国人,他们简陋的房屋分散在平坦的土地上。伊娃·布兰特·格林(Eva Bryant-Green)是索耶维尔本地人,在县人力资源部工作。她说:"索耶维尔的生活节奏很慢,很悠闲。在这里你认识每一个人,因此很有安全感。很多人都有亲属关系,这也是一个抚养孩子的好地方。这里有很多小教堂,它们是索耶维尔生活的重要组成部分。"正是在这里,乡村工作室为香农·桑德斯·达德利(Shannon Sanders-Dudley)建造了一座新房子。

索耶维尔有它繁荣、优美的一面。这里有林场、鲶鱼池塘和放养奶牛的牧场。对于莫克比来说,莫里森农场是一个在 20 世纪 70 年代以前一直是奶牛场的地方,"看起来像法国南部一样。"在这里你会看到乡村工作室设计的燕西教堂和山羊住宅。莫里森农场大部分是起伏的牧场,上面点缀着雪松、美国枫树和橡树,红白相间、生机勃勃,还有一个鲶鱼池塘和一个 30 英亩用于垂钓的湖泊。莱姆·莫里森(Lem Morrison),一位仅受过 8 年学校教育的勤劳的人,他把农场打造成了一家繁荣的企业,为他的乳制品公司供应原材料,以加工牛奶与奶油。这家位于格林斯博罗的奶制品公司在整个阿拉巴马州以生产优质的冰淇淋、牛奶和其他乳制品而闻名。莱姆的女儿,莱姆尔·莫里森(Lemuel Morrison)博士,仍然还在莫里森农场饲养公牛。

燕西小教堂，1995 年
YANCEY CHAPEL, 1995

1994 年，莫克比和五年级学生维尔特曼（Ruard Veltman）正欣赏着在谢泼德·布莱恩特圆形熏制室中通过墙壁上镶嵌的瓶子透射进来的光。当维尔特曼提到他的毕业设计小组想要"做一些类似的事情"时，莫克比回应道："你们为什么不建造一个小教堂呢？"不久之后，莫克比亲自去与莱姆尔·莫里森交谈——莫里森家族是奥本大学的资助者和乳业公司老板，她提出让学生们在她位于索耶维尔的农场上建造一座教堂，并帮助支付建造费用。维尔特曼和他的毕业设计合作伙伴史蒂夫·德登、汤姆·特雷斯威决定将燕西小教堂建在断崖上，距离开阔的田野和湿地有 30 英尺的高差。这里的景色很是引人注目，并且有一个现成的教堂入口—— 一个有金属支柱的长长的混凝土奶牛食槽，这是在这块场地被用作奶牛场时留下的东西。食槽形成了一条乡村小路，"它与小教堂略显破旧的外观相协调。屋顶的设计意在让人联想到塌陷的谷仓结构。"维尔特曼说。

学生们对建筑材料和建造方法的巧妙选择使这座教堂的造价仅为 15000 美元。位于塞尔玛的中央轮胎公司（Central Tire Company）是连接乡村工作室和奥本大学公路上的一个地标，对于学生和莫克比来说非常熟悉。该公司被法庭下令清理场地，因此将其储存的 1000 个汽车轮胎捐赠给了这个项目。为了建造教堂的墙壁，学生们用泥土填满轮胎，使其如同岩石般坚硬。这是一项需要耐心的、缓慢的工作：这三个学生一天最多只能装填 30 个轮胎。为了加强轮胎结构，他们插入了钢筋，然后用钢丝网包裹轮胎，并涂上灰泥。

学生们为燕西教堂搜集了剩余的材料。他们从塔斯卡卢萨（Tuscaloosa）的一条小溪中开采用作地面的石板，从一座废弃的建筑中获取松木结构构件，并将生锈的镀锡铁皮切割成 18 英寸见方的屋顶瓦片。"镀锡铁皮来自旧谷仓和废品收购站。"莫克比说。圣洗池和讲坛是由黑尔县交通部捐赠的废旧钢铁制成的。

游客走进教堂，向下步入一个狭窄、昏暗的入口后，面对的是一个由金属材料铸造的讲坛。一条小溪从背后墙面的裂缝里溢出来，流过一块大石板，汇入槽中。

在它之上有金属格栅，游客由此跨过小溪。平滑的溪水继续经过一个 11 英尺 ×22 英尺的开敞空间的前方，最终流向下面的湿地。同典型的工作室项目一样，教堂的全貌要经过一个缓慢的过程才能完全展现。"它想保持神秘，不想过早地泄露秘密。"莫克比说。在头顶上，木椽支撑着一根巨大的主梁，两侧的缝隙透出天空，再往边上是波纹状的屋顶。越接近讲坛的位置，屋顶愈发抬升，使得讲坛被淹没在自然光中，同时获得开放的视野。

这个小教堂能容纳大约 80 人。但是在这座建筑物完工不久，1996 年的秋天，德登和他的新娘劳拉在这里举行了婚礼，有 300 人前来庆祝。莫克比回忆，当时这座建筑装饰着白色的鲜花，"牧师穿着白色长袍，有一头白色公牛从下面的湿地经过。"

燕西小教堂狭窄、昏暗的入口（对页图）通往一条最终汇入水槽的小溪（上图）

山羊住宅，1998 年
GOAT HOUSE，1998

山羊住宅位于莫里森农场的燕西小教堂附近，之前是圈养山羊的混凝土砌块建造的棚子，它也因此而得名。莫里森一家曾计划把他们的农场改造成艺术家的聚居地。他们想把原来的羊圈改造成这个聚居地的中心，供两名艺术家居住和工作之用，同时也作为乡村工作室的临时客房。艺术家的聚居地这一构想并没有实现。但杰夫·库珀和伊恩·斯图尔特仍然把这个不起眼的结构改造成了一个高贵且引人注目的建筑，莫里森一家现在把它作为自己的住所。

库珀解释说，他和斯图尔特于 1997~1998 年毕业设计的任务是"搬到这间房子里居住，根据在这里的生活经验，提升居住和工作空间的品质。"他们将直观体会到莫克比所说的"建筑作为一种社会艺术，必须就地取材、就地建造，并且来源于当地已经存在的事物"的含义。库珀和斯图尔特在农场里转悠，逐渐对农场、邻近的乡村和格林斯博罗县城都非常熟悉。格林斯博罗的面貌和 20 世纪 30 年代沃克·埃文斯（Walker Evans）所拍摄的样子并无两样。他们在莫里森家的谷仓里发现了各种各样的建筑材料。库珀说："收集这些木材，然后运到山羊住宅并存放好，在把事情处理清楚的过程中，我们逐渐形成了山羊住宅的设计理念。"

山羊住宅的演变过程体现了工作室典型的设计与建造方法。在完成了初步的概念设计和基础设计之后，"一切事情都在现场决定，"莫克比说，"这有点像 100 年前建筑师的工作方式。"

学生们从打开屋顶、创造了一个两层高的有天窗的过道开始。他们原本想要建一个阁楼，但后来发现这是多余的。库珀说："在推倒墙壁和拆掉屋顶之后，我们意识到如果再设置另外一个顶棚，那就太荒谬了。于是这里变成了一个向景观开放的大空间，比原先设想的阁楼更有感染力。"莫克比其实从一开始就预见到了这一点，但仍然放手让学生们自己去领悟。

库珀和斯图尔特在墙上安装了巨大的木门，当门打开的时候，住宅的中心空间变成了一个可以纳入新鲜空气的空间，同时它也成为朝向屋后谷仓和一棵古老橡树的框景。中心工作区后部是卧室区，前部是厨房和生活区。库珀是一个很有天赋的工匠，他喜欢专注于细节。他用榫卯连接的硬松木铺装墙面，手工将所有的木制品组装在一起，并用手工打磨的窗扇代替了原来的铝窗——这些窗扇也是用木钉钉住然后通过胶水粘合。他说："我们在整个住宅的设计中都是在与榫眼、榫头和销钉打交道。"

从室外看，带天窗的屋顶朝着住宅前面倾斜，超大尺度的木椽形成了富有表现力的符号。"屋顶是对教堂的致敬。"库珀说。倾斜的屋顶也延伸出一条线，这条线由一排升起的牛棚式屋架组成，"就像一头动物的脊骨，一直延伸到后门。"他说。"屋顶顺着地面上的丘陵而抬升并向前推进。"据库珀说，支撑的柱子原来是一所废弃的战前房子里农奴雕刻的角柱。他们打造了蹄形的柱墩，将柱子嵌入其中，"每一块材料都开始发出指令，告诉你它该如何被使用与连接。"

对库珀来说，在山羊住宅这个项目的工作中最有价值的一个方面是莫克比"让你觉得可以做任何事情，但他会引导你做出正确的选择。有如此多的建筑学院都在控制学生的奇思怪想，所以如果有人能让你看到正确的事物，而又不是通过强迫你接受的方式，这确实是让人耳目一新。"

住宅中心二层高的带天窗的过道形成了一个朝向景观的大空间

前面的客厅（对页图）和后面的睡眠区域

桑德斯·达德利住宅，2001 年
SANDERS-DUDLEY HOUSE，2001

霍夫曼教授在谈到他的一位客户时说："她的故事告诉你，她一直很认真地过好自己的生活。"他教授的二年级学生刚刚在 2001 年秋天完成了在索耶维尔的住宅设计。十年前，香农·桑德斯·达德利（Shannon Sanders Dudley）还是一位年轻的单身母亲，拿到 GED 文凭 ① 后，她先后在 VISTA 和黑尔县人力资源部工作，目前在县立学校董事会担任秘书。1999 年，当人力资源部门把她推荐给乡村工作室时，她的大部分薪水都花在了住房的租金上，这个住房由政府提供，但面积并不够用，而所在的社区使她常常为自己 6 个孩子的安全感到担忧。学生们喜欢她的勇气和态度——霍夫曼说，"她温文尔雅，但显然很关心她的孩子"。学生们也被她母亲房子旁边现成的建造场地所吸引，他们想帮助她培养孩子和外婆之间的感情。

与乡村工作室早期小而简单的住宅不同，桑德斯·达德利住宅拥有 1500 平方英尺的首层面积，加上 200 平方英尺的阁楼面积，可以满足一个大家庭的复杂需求。在和霍夫曼以及学生们制定任务书时，达德利列出了以下愿望清单：一个正式的入口和餐厅，一个不需要保持整洁的家庭房，一个离孩子们的房间较远的主卧，以及一个可以让她暂时离开那一大群活泼孩子而获得片刻安宁的、有窗的私人空间。如果可能的话，她还想要一个壁炉。

霍夫曼认为，这个项目中最难的地方在于房间既要满足达德利对于正式、传统功能的需求，同时也要满足休闲活动的需求。霍夫曼说："这是一种中产阶级的奢侈品，在我们建造的其他住宅里是看不到的。我们面临的挑战是设计一座实用的大房子，同时又不让它变成在郊区经常会看到的又一个功能化的粗笨的住宅。"这么大的规模决定了这栋房子不能使用在蝴蝶住宅和山羊住宅一样的富于表现力的建筑语言，预算和时间限制也排除了铺张浪费的可能。霍夫曼要求学生们的设计简单而有力，不要"沉迷于建筑技巧"。

霍夫曼解释道，他们选择夯土墙的原因之一是，它与标准的木结构建筑不同，它不需要对完成面进行任何修饰。它还有其他优点——成本效益高，防火性能好，绝缘性能好，抗龙卷风破坏能力强。此外，材料本身也很美丽。黏土状混合物在夯实后呈深铁锈色，其波纹表面类似于一种条纹状的沉积岩。夯土墙坐落在灰色的混凝土楼板上，其上是混凝土连接梁，再往上是波纹状的镀锡铁皮屋面板——"这是我们最喜欢的地方之一"，霍夫曼说。最后，在悬挑的直立式接缝的屋顶下是天窗，以及由轻质耐用、免维护的水泥和加压处理

---

① 译者注：GED 文凭指通过一般教育发展考试（General Educational Development Tests）后获得的文凭，证明考试者具有美国或加拿大的高中程度的文化水平。

的木材纤维组合而成的填充板。

　　建筑的形式直接来源于平面图，而平面图则是学生们通过分析家庭生活和桑德斯·达德利的愿望清单所得到的结果。住宅采用哑铃形布局——中间是起居空间，两端是卧室。从北面进入，你首先看到的是主卧的墙壁和大飘窗。内凹的入口位于长长的西面墙中心附近的拐角处，旁边是从地面到屋顶通高的法式大门。中心空间是餐厅以及厨房和家庭活动的混合用房，在这里达德利可以照顾孩子们的活动。与中央起居区相邻的南面有两间位于首层的卧室，以及挨着后墙排列的一个完整浴室、一个盥洗室和一个杂物间。卧室上方是阁楼，餐厅上方是带有遮蔽的门廊，霍夫曼称其为这栋房子的"宝石①"。

　　这栋住宅在夏天很凉爽。开放的平面有助于通风，屋顶上可活动的天窗和开口也发挥了同样的作用；夯土墙在夏天的阳光下升温相对较慢。由于不需要安装暖气和空调，这栋住宅的造价仅为4万美元，建筑后面还留有扩建的空间。

　　桑德斯·达德利住宅缺乏布赖恩特干草住宅的设计魔力，也缺乏山羊住宅的美学神韵，它更像服务于一个大家庭的粗壮而健硕的驮马。这一作品的与众不同之处蕴含在其从乡土形式中衍生出来的低矮的现代造型，以及将自然的与工业的、粗犷的与精致的材料所进行的组合。它绝对不是"又一个功能化的、蠢笨的建筑"。

---

① 译者注：意为最精彩的部分。

格林斯博罗与托马斯顿
GREENSBORO AND THOMASTON

格林斯博罗从 1830 年到内战期间一直是当地以棉花种植园为基础的经济的中心。1867 年黑尔县成立时，格林斯博罗被指定为县政府所在地，从此成为该地区最大的城镇。由于北方军队在穿越阿拉巴马州时没有在这里开火（这个城镇几乎没有工业来服务南方武装），格林斯博罗及其周边地区仍然保存着大量的战前房屋和一些阿拉巴马州最古老的教堂。但棉花经济衰退所留下的空白从未被填补。如今，虽然人口减少了 3500 人，格林斯博罗仍然是黑尔县的商业中心。城里发展起了新的产业——牛奶加工、禽肉包装、木材加工、鲶鱼养殖等。然而，充斥着虚假的装饰性门面的闹市区与沃克·埃文斯在大萧条（Great Depression）时期拍摄的照片几乎没有什么变化。本地企业挣扎求存，HERO 的执行董事吉姆·凯伦声称镇中心的空置率接近 50%。

黑尔县南部紧邻马伦戈县。托马斯顿位于马伦戈东北部，尽管人口只有 600 人，但也是一个像格林斯博罗一样的城镇。与黑尔县许多规模相似的社区相比，它的贫困程度较低，主要是因为它位于两条公路的交叉口。一条公路从东到西通往其他村庄，另一条向北到塔斯卡卢萨、向南到莫比尔。在托马斯顿中心区及周边地区，有 10~12 家本地商店和企业，包括一家银行、一家自助洗衣店、一家夫妻经营的杂货店和一家饲料店——"仅仅提供农村生活的必需品，"镇长帕特西·萨姆罗尔（Patsy Sumrall）说到。但是镇中心的大多数店面都是空的。人们主要在附近的造纸厂和木材公司工作，满载木材的卡车比比皆是。除了公路上汽车呼啸而过的声音，托马斯顿通常很安静。萨姆罗尔说："乡村社区还存在很多需求。"

HERO 游戏场，1997 年
HERO PLAYGROUND，1997

位于格林斯博罗镇中心的 HERO 游戏场就是黑尔县人力资源部的后院。游戏场里面是起伏的微型山丘和山谷,便于孩子们翻滚滑动。1997 年春天,五年级学生梅丽莎·腾和乔·阿尔科克提出的第一个设计方案是平坦的地面辅以传统游乐场设施,如史蒂夫·霍夫曼所说,像是一个"小麦当劳游戏区"。霍夫曼现在是工作室的一名指导教师,而在这个游戏场创建时,他还是一名五年级的学生,也是设计师的朋友。腾和阿尔科克从研究游戏场开始,他们发现小孩子似乎在自然环境中是最舒适的。于是学生们拉来一车车的泥土堆起土堆。他们简要地勾画了一个伊甸园的主题,然后继续推进。最终驱动这个设计的是他们想要用日常用品做出一些特别东西的渴望—— 一个大的沙盒、一个轮胎秋千,以及可以爬行通过的覆盖着泥土的金属圆筒。

HERO 游戏场以及紧接着修建的儿童中心,标志着 HERO 这个非营利组织迈出的第一步。吉姆·凯伦说,为了帮助黑尔县的穷人"克服历史上遗留下来的被孤立的劣势",他的组织希望扩大其"家庭服务使命"。该组织在游戏场外围拥有一大片未建用地,霍夫曼正在将其总体规划作为自己硕士毕业设计的一部分。如果能筹到钱,乡村工作室将为这个组织设计并建造一个日托中心。

凯伦说:"乡村工作室的唯一缺点是'缺乏人力资本',没有足够多的学生来完成我们希望做到的所有事情。"

HERO 儿童中心，1999 年
HERO CHILDREN'S CENTER, 1999

在 HERO 儿童中心于 1999 年建成之前，心理健康专业人员和执法官员不得不在黑尔县人力资源部的办公室与被怀疑受到虐待的儿童进行会谈。"那里很冷，枯燥乏味。"时任部门主管的特蕾莎·科斯坦佐（Teresa Costanzo）说。被她形容为温暖而友好的新的中心是由四位年轻女性作为毕业设计来设计和建造的。该部门的家庭资源中心、地区法院、地区检察院、警察局和县治安局将 HERO 儿童中心作为对儿童进行检查和评估的场所，同样也被用作训练设施。

学生建筑师——艾莉森·布莱恩特、金格·杰瑟、迈克尔·雷诺和妮可·肖——以访问科斯坦佐和参观附近的日托中心为切入点，开始了她们的工作。她们的研究指出，新的儿童中心必需是吸引人的、舒适的，而且应该把会谈和训练功能分设在两栋建筑里。杰瑟说："教室需要非常开放，但是会谈的地方则需要非常安静、非常私密，并且不被打扰。"学生们还希望已有的乡村工作室设计的游戏场能从儿童中心内部被看到——这个游戏场毗邻儿童中心——这样社会工作者可以从建筑内部观察孩子和父母的互动。科斯坦佐说，这栋 1285 平方英尺的建筑运转良好。在会谈室里有一幅伪装成巨大的彩色壁画的单向镜子，孩子和家长可以走出去到游戏场上，而整个过程都可以被监控和监督。

建筑拥有一个两层高的开敞通道，由电线杆支撑的波纹金属板覆盖。带屋顶的通道将两个低矮的单层体量分开，并通向游戏场。通道空间似乎是山羊住宅的直接演变。而且就像在山羊住宅中一样，这个带屋顶的通道把一个原本普通的建筑变得很出色。杰瑟说，这个结果是偶然得到的：她的团队最初的计划是将它设计成封闭的通道，并装上空调，但是她们既没有足够的时间也没有足够的钱。于是她们决定让这个空间保持开敞，并加上屋顶使其成为一个遮阴的通风廊道，她说，"这一决定造就了我们的作品。"其结果是一个对比鲜明的建筑：高大开敞的通道与它暴露在外的木柱成为两个结实的、低矮的木结构建筑的衬托——其中一个包含一个会谈室，另一个包含一个教室。使儿童中心更充满活力的是建造过程中的即兴创作，例如倾斜插入的窗户和混搭拼贴的建筑材料——刷有红漆的木材、天然本色的木材、混凝土以及金属面层、屋顶等。通道一侧的金属遮阳棚是从莫克比的工作室为"建造（Fabrications）"展览所设计的装置中回收的，那次展览于 1998 年在俄亥俄州哥伦布市的韦克斯纳中心举办。

杰瑟说，社区成员"真的参与"到了这个项目中来。垃圾清理工顺路过来并伸出援手。附近州立牧场的囚犯获得许可来帮助他们一起建造，其中一位是砌砖的行家，他在建筑落成后又回到这里，"用他认为适宜的方式完成了通道的砖地面铺设，这就像是他把从中社区中得到的东西回馈给社区一样。"佩拉公司（Pella Corporation）捐赠了所有的窗户，塔斯卡卢萨（Tuscaloosa）的一家公司在学生购买室内混凝土地板增亮剂的时候给予了折扣，阿拉巴马电力公司（Alabama Power Company）捐赠了电线杆，本地商人捐赠了油漆和地毯。

黑尔县授权和振兴组织主席、地区法院法官威廉·瑞安（William Ryan）说，这些学生为他的组织节省了一大笔钱，这些钱可以用来提供更多的服务。他认为这栋建筑远远比他在商业设计市场上得到的"更具创意"。他说学生最大的优点之一就是他们对生活充满激情。"他们不知道你不能做什么，因此那些在通常情况下无法实现的事情就被他们实现了。"与此同时，他强调让乡村工作室的学生直接在黑尔县体会现实生活是多么重要，在那里，"他们看到一个与充斥着摩天大楼的繁华都市所不同的世界。他们看到人们在这个被世界遗忘的土地上如何生活。"

通向操场的两层高的有顶的开敞通道，分隔了两个低调的单层建筑

教室（对页图）与会谈室（上图）

托马斯顿农贸市场，2000 年
THE THOMASTON FARMER'S MARKET, 2000

托马斯顿农贸市场，这个 1999~2000 年的毕业设计项目，是乡村工作室第一次尝试通过建筑促进经济和城镇发展。莫克比说，这个市场不仅仅是一个民用建筑，也是一个"让学生成为公民建筑师的公民建筑"。学生建筑师——布鲁斯·拉尼尔、梅丽莎·科尔利、吉米·特纳、杰伊·沃特斯和杰夫·约翰斯顿——意识到自己不仅是设计师和建造者，同时也是开发者。他们必须与州和地方机构打交道，包括阿拉巴马州公路局，并处理那些在梅森湾和索耶尔等农村地区工作时可以绕开的事务。团队成员必须自己找到合适的建筑用地，而不再是分配好一块场地。

在排除了尤宁顿（Uniontown）和德莫波利斯（Demopolis）之后，他们选择了纽伯恩以南 20 英里的小城镇托马斯顿。拉尼尔解释，托马斯顿拥有所需的人口密度——大约400 人，一半黑人一半白人，而且它位于两条公路的交会处，更有利于未来的发展。或许同样重要的是，包括镇长帕齐·萨姆拉尔（Patsy Sumrall）在内的该镇官员强烈支持这个项目。政府把农贸市场看作是他们正苦苦挣扎的小镇的一个潜在的推动发展的力量，最为显著的是可以帮助建造一个合作式的杂货店——他们希望将其设立在农贸市场旁边。

莫克比从容地接受了这个新挑战。他说在开始设计之前，学生们问他："如果合作社在这里行不通怎么办？"他说："如果成功了当然很好；但如果没有，也没关系。也许我们的努力会产生另外的好结果。"学生们从研究类似的市场以及参观该地区的案例开始。他们了解到，类似的市场大多数都在街角或靠近街角的地方，面朝街道，有屋顶遮蔽，而且可以容纳农民的卡车。在托马斯顿设想的场地是被龙卷风夷为平地的一个街角，一边面对着公路，另一边是交叉的街道上一排空荡荡的店面。

农贸市场主要由柱子和屋顶组成，屋顶是由波纹金属板构成的蝴蝶形态，中间有一根突出的排水槽。莫克比说，他们的计划是种上茉莉花，让它爬上排水槽，"就像一棵树形成的雕塑一样。"屋顶的支撑——肋状金属檩条、一英寸的水平钢管和管状钢柱——都是焊接在一起的。"这不再是一个小型木构建筑，项目的复杂性正在增加。"柱子之间 8 英尺的空间适合商铺摆放桌子。拉尼尔说，他的团队想让这个建筑看起来稳固而又轻盈。因此，飘浮在空中的屋顶通过柱子固定在混凝土基础上。柱子上安装了用金属网包裹的灯，给市场在夜间带来可识别性。学生们引入了一条人行道和一个停车场，还种上了树。工作室努力的成果为商铺提供了一个有遮蔽的空间，一个可以在卡车后面销售产品的背阴区域，以及社区的公共绿地空间。

　　整个社区对农贸市场表现出极大的兴趣，部分原因是计划中的合作社将由股东权益出资。拉尼尔说："整个社区都或多或少参与了这个项目。人们会顺路过来看看。起初他们对这件事情有些怀疑。"莫克比建议学生们通过勤奋的工作来赢得小镇居民的支持，而这似乎奏效了。托马斯顿的居民开始参与进来，一些人家向学生们开放。拉尼尔还记得，有一天晚上镇长邀请他们下班后到家里休息，当他洗完澡走出来，发现萨姆拉尔镇长从她丈夫的衣橱里拿出干净的衣服给他。市场建成后，城镇里举行了游行和烟火表演。

　　对学生来说，农贸市场既是一次设计挑战，也是一次政治教育。拉尼尔说，他们最初的想法是"在农贸市场、合作社和生产罐装食品的本地企业之间建立一种对话"。多亏了乡村工作室在托马斯顿所做的工作，小镇生产罐装食品的企业最终得到了奥本大学农业学院和商学院的帮助，发展出 Mama'n Em's 这家生产罐装果冻和蜜饯的公司以及合作社的大股东。与此同时，学生们也获得了阿拉巴马州农业和工业部、塔斯基吉大学小型农场拓展培训和技术援助项目、西阿拉巴马零售合作社、奥本大学农村社会学等机构的帮助。

阿克伦

　　阿克伦曾经是一个繁华的河畔小镇，低矮的方形建筑簇拥在铁轨旁，看上去就像电影《油炸绿番茄》（*Fried Green Tomatoes*）中的场景。这个城镇有一个便利店兼加油站，一个低调的市政厅，还有一些曾经是旅馆、公寓或商店的老建筑。镇中心的建筑是砖和煤渣砌块建造的，很少超过一层。当乡村工作室在 2000~2001 年建造阿克伦青少年俱乐部时，"仅建筑有一个夹层这件事就在孩子们中引起了不小的轰动。"帕特里克·瑞恩（Patrick Ryan）说，他是设计和建造俱乐部的三名五年级学生之一。

　　在交通以铁路和船运为主的年代，阿克伦因位于黑武士河边而繁荣，它也是在新奥尔良和伯明翰之间火车可以掉头的唯一地方。但是当汽车和卡车成为交通主导后，这个城镇变得萧条。瑞恩说："公路是通往其他地方的唯一途径，不然的话，除非你的目的地是阿克伦，否则你就会迷路。没有其他人会在这落脚，这对该镇的经济造成了损害。"镇里 600 多位居民几乎全是非裔美国人，他们为了躲避黑武士河的洪水，都住在用砖块垫高的拖车式活动房里。

阿克伦馆，1996 年
AKRON PAVILION，1996

鲍勃·威尔逊（Bob Wilson）是阿克伦本地人，他在成年后一直为克利夫兰的一家铁路公司工作，当他60多岁退休回到家乡时，他想要改善这里萧条的现状。他最初的想法之一是为社区活动创造一个场所，这个活动也许是家庭聚会。1996年，他与三名即将做毕业设计的学生——史蒂夫·霍夫曼、乔恩·塔特和托德·斯图尔特——取得了联系，并捐赠了一块原本属于他祖父的林地，一块与黑武士河相接的护岸土地。据霍夫曼说，在建造阿克伦馆的过程中，"威尔逊成了第四名团队成员，他每天都和我们在现场，挖地基，浇混凝土。"他和他的孙子还帮助收集用作地板的废旧砖。

像许多乡村工作室项目一样，阿克伦馆的学生建筑师一开始希望将他们所知道的一切知识都融入设计中。最终，手边的材料决定了建筑的结构形式。霍夫曼说："我们对最终能完成什么没有一个具体的设想。"他回忆说，在圣诞节前后，当教授们对团队的最初设计进行评价的时候，"教授们告诉我们，'你必须去掉这个、这个和这个。'接着我们迎来了阴雨绵绵的1月份，幸运的是，大雨阻止了我们直接开工建设，并给了我们一次重新设计的机会。"即使在他们开始建造之后，团队也对设计进行了很大程度的修改：他们进一步将事情简化，减小了建筑的尺寸，将它向自然元素开放，并取消了一个辅助建筑。霍夫曼说："这种情况经常发生。当下的情形和需求让我们重新思考什么才是重要的。"

对于阿克伦馆的设计来说至关重要的是铁路公司所捐赠的铁路枕木和其他建筑材料。"这对我们很有吸引力，因为正是火车把鲍勃·威尔逊从阿克伦带走了，而火车也是阿克伦历史上非常重要的一部分，"霍夫曼说。阿克伦一度繁荣的经济正是归功于船运和铁路。从一座过时的铁路桥上回收的木柱和木梁给了学生们灵感。"我们说，好吧，这是我们必须使用的。就像这样，设计一点一点地明确下来。"他说。由于建筑位于洪泛区，学生们在每根柱子下面都放置了4平方英尺、1英尺厚的混凝土垫块，像结实的鞋子一样，来分担重量，防止移动。莫克比说，混凝土和砖的地板"在与土地接触的地方非常坚固"，这无疑是阿克伦馆在两次洪水中幸存下来的原因。

霍夫曼说，屋顶的形状是希望创造出这样一个场所——"不是教堂或礼拜堂，但可以产生同样的感觉；不是表演空间，但也可以被那样使用"。从南面看，屋顶像是一座拥有高高的山墙的教堂，但从正面看，它更像是一座剧院的背景。"我们喜欢阿克伦馆从路上看的样子，乍一看像是一个隐藏在树林里的旧谷仓。"霍夫曼说。

莫克比将这座花费约 1.5 万美元的建筑描述为"如此理性，更接近于一座工程建筑，既经济又美观，但它不会因此放松要求。它是一个仅由巨大的倾斜屋顶和地板构成的建筑。"

阿克伦青少年俱乐部，2001 年
THE AKRON BOYS AND GIRLS CLUB, 2001

如果你在 2001 年 4 月初的一个下午去到克雷格·皮维、布拉德·谢尔顿和帕特里克·瑞安正在建造的阿克伦青少年俱乐部时，你会看到三名当地居民一边轮流为学生们烤猪肋排，一边在协助建造。鲍勃·威尔逊（Bob Wilson）一家向学生们捐赠了他们的旧杂货店，用于建造新的俱乐部。他不是在给学生烤肋排，就是在帮忙建造混凝土窗台；比利先生和猴子先生（学生们这样称呼另外两名当地男子）则在帮忙浇筑混凝土地板。当学生们在做这个俱乐部项目的时候，他们住在阿克伦，离建筑工地大约一英里半的一辆他们改造过的拖车里。学生们的指导教师安德鲁·弗里厄（Andrew Freear）教授在调查该项目时表示："这是你能找到的最接近社区建筑的项目。"社区居民在俱乐部建造中的参与程度，与其他仅仅由建筑师和开发商推动的所谓社区建筑的建造情况形成了鲜明对比。

是什么促使乡村工作室为阿克伦建造一个青少年俱乐部呢？小镇的成年人大多在北部30 英里的塔斯卡卢萨，或者在东南部 20 分钟车程的格林斯博罗工作。由于阿克伦没有市场，他们经常在回家的路上花时间购物。这意味着大多数孩子在放学后 3 点半到 6 点半左右的时间是无人看管的，因此，这里需要一个可以托管孩子并能够容纳孩子活动的地方。旧杂货店位于城镇中最繁忙的道路交叉口，是一个三角形的地块，学生们希望它的重新利用会给阿克伦带来重生。如今，这个俱乐部是城镇里最为突出、最具特色的建筑。

当乡村工作室考察现场时，原来的商店只剩下美丽的、饱经风霜的红砖外壳，斑驳可见年代久远的蓝绿色油漆。学生们决定保持墙壁原封不动，仅做简单清理，然后用倾斜的屋顶覆盖原有结构，建造不规则的内墙，并加建一个金属包裹的空间容纳一个小教室、一个电脑实验室、一个浴室和一个杂物间。"设计的概念，是从旧的东西中涌现出新的，"弗里厄说。从美学层面，工作室将俱乐部称为"重磅击打"（Heavy Hit）——轻薄的屋顶与厚重的蓝色钢桁架形成对比。

屋顶的钢桁架价值 2.5 万美元，由奥本大学校友詹姆斯·特尼普赛特（James Turnipseed）捐赠。学生们在他位于伯明翰的工厂里选择好钢材后，特尼普赛特的公司为他们再次设计，并说服塔斯卡卢萨附近的谢尔顿州立社区职业学院（Shelton State Community & Vocational College）重新焊接端点。随后，学院的卡车驾驶项目组将钢材运送到现场，学生们像组装零件一样把它们组装起来。如今，在黄昏时分，室内的灯光和蓝色的金属框架让建筑变成了一盏藏在暖色砖墙后的蓝色灯笼。

一扇可以俯瞰主街的超大凸窗使人们注意到位于镇中心的俱乐部；它将室内变成了一

个舞台，同时将小镇风光引入建筑。为了增加城市气息，三位 2000~2001 年度的五年级学生安迪·奥兹、加布·康斯托克和艾米·霍尔茨，用喷有混凝土的纸板捆制作了雨棚和街道公共设施。他们的设计延续了面向街道的建筑外墙，并强化了城镇洗衣店和加油站之间的路径。

阿克伦青少年俱乐部和更早期的阿克伦馆至少有两个共同点：都得益于威尔逊在资金和劳动力上的慷慨捐赠，而且都有大而独特的屋顶。然而，更引人注目的是这些建筑之间的差异。它们充分体现了乡村工作室发展的方向。其中，最明显的是，阿克伦馆是隐藏在黑武士河岸边树林里的一个非常乡村化的建筑，而俱乐部则是一个雄心勃勃的城市项目。此外，正如莫克比所描述的，阿克伦馆"只是一个巨大的、倾斜的屋顶和地板"，是工作室最简单、最不特殊的结构，而俱乐部则是最复杂的综合体之一。用轻薄的倾斜屋顶平面覆盖厚重的、呈一定角度倾斜的墙壁，这种做法让俱乐部成为工作室最独特的设计之一。

费雷尔说，这个项目最困难的地方是要在旧墙中安置一座新建筑。他说，一些出乎意料的"小事情"，比如平整的旧墙顶部从而与新天窗连接，给学生的创造力和日程安排增添了沉重的负担。俱乐部也是工作室建造的第一个全封闭并安装空调的建筑。HERO 儿童中心的两个小房间有中央空调，但它们仅仅是两个小盒子。相比之下，俱乐部是一个 1500 平方英尺的开放体量，它的空调不是像 HERO 儿童中心那样交给承包商安装，而是交给了拥有许可证的谢尔顿父亲。费雷尔说，除了处理相对复杂的设计问题，学生们还要负责俱乐部的未来发展。他们联系了塔斯卡卢萨儿童俱乐部，并在威尔逊的帮助下成立了一个董事会，寻找管理俱乐部的人选。

2001 年 4 月的一个下午，莫克比在验收学生们的作业时，有人听到他说："这样的工作难道不是建筑系学生应该做的吗？乡村工作室归根结底是关于人、关于尊严的。它努力为所有公民提供一个有尊严的社区，这关乎民主。"

新俱乐部安置在旧杂货店的外墙内

虽然建筑在白天看起来比较低调，但在黄昏时分，它像一盏蓝灯笼一样发散出温暖的光

莫克比与学生们在纽伯恩设计工作营，1997

工作中的乡村工作室

对学生、教师与业主的访谈

詹妮弗·斯坦顿在乡村工作室度过的秋季学期里，总是出现在索耶维尔的一处建筑工地。斯坦顿和其他 15 名大学二年级学生正在为香农·桑德斯·达德利和她的 6 个孩子盖一栋房子。在一个炎热的十月份的工作日里，斯坦顿放下手中的锤子和钉子，谈起了她在那里的短暂时光。她说，工作室吸引她的原因是"有机会设计一些东西，并真实地看到它拥有生命，被人们使用，成为社区的一部分。"往届乡村工作室的学生坚定了她最初的决定，"他们说的第一句话是'这是最棒的事情，你应该去做。'然后他

詹妮弗·斯坦顿（JENNIFER STANTON）
大学二年级学生，2000 年

们告诉我那些关于与社区互动、关于你和你的教授有多亲近以及你能从中获得多少乐趣的故事。"

斯坦顿在工作室的第一次经历令人难忘。她收到的任务是帮助五年级的学生建造一间小屋，即"豆荚"，供一位大学二年级的男生居住。"这是一次破冰之举，"她回忆道，"我们和五年级学生一块合作，产生了一种家的氛围。他们分享所学到的东西。我认为他们是我们在建筑学习和社会交往方面的榜样。当在大学二年级的时候，我们仍然还在努力弄清楚如何设计一栋建筑；但当看到他们的前进足迹时，我对自己未来设计能力的提高也产生了信心。当我们参加社区活动时，看到五年级学生和住在附近的人打交道的方式，真的令人印象深刻，这也推动我们继续前进。"

桑德斯·达德利住宅的建造令人大开眼界。她说："通常做这些事情的都是有报酬的劳动者，我们直到来到这里才知道他们投入了多少时间和精力。这项工作使我们的设计变得更简单，比没有来过这里的奥本大学的学生所做的设计更实用。我们不会像以前那样做很多华而不实的事情。"建造工作也使她明白，一个建成空间的实际体验和功能与在画图中的主观想象是不一样的。"实际的 5 英尺空间和你的脑海中设想的是不同的，大脑会变花招，"斯坦顿说。

对她来说，另一个第一次是团队合作，以及明白妥协的重要性。"我从来没有这样做过，"她说，"我们所有人之间的互动会让我们重新思考。"但是她的团队完成的工作比她预期的要少，因为所有的建造时间都比她预期的要长。

斯坦顿和她的女同学住在莫里塞特住宅（Morrisette House），这是一座建于 19 世纪 90 年代的墙板式农舍；他们的男组员住在附近的豆荚里。年轻的女士们住在一起，共用一间半浴室。房子里有暖气和空调，"但当它工作的时候，不能打开电视，"斯坦顿说。她每周工作三个整天，

其余两天上课。在工作日，她和她的同学在现场碰头，有时甚至在早上六点就开始工作。学生们在晚上五点半左右回家，吃过晚饭后，他们分散开来，开始做渲染、水彩和工作室的其他项目。周一上午上材料和方法课，周四下午上建筑历史课，课程内容包括参观战前的房屋以及绘制它们的平立剖面图。

冬末，在学期结束回到奥本后，斯坦顿回忆说，工作室让她接触到的贫困是她以前从未见过的，无论是在伯明翰郊外的她的家乡、阿拉巴马州的切尔西，还是去看望她母亲的家族时到过的肯塔基州。她说："这有点令人惊讶，孩子们生活在这样一种状态中，却始终保持微笑。"在乡村工作室的这个学期让她明白，"生活不在于财富，而在于你认为什么才是最重要的。"

斯坦顿的最大遗憾是她的团队几乎没有与客户接触。"我们见过香农一两次，但之前的班级和她一起完成了大部分设计。"斯坦顿来的时候，桑德斯·达德利已经有了一段新的婚姻、六个孩子和一份工作工作室里挤满了媒体和捐助者；"学期结束得太快了。我想回去跟香农打个招呼，让她知道我是帮她盖房子的人之一。"

斯坦顿最看重的不仅是她与那群一起工作的毕业生的友好关系，还有她与指导教师，尤其是莫克比的密切接触。她说："他是我们的朋友，是我们敬仰的人；但他不是那种凌驾于我们之上的人，他只是我们中的一员，让人感到安心。他非常聪明。举个小例子，他会把一座建筑的立面比作一幅画，让我们思考构图。"

毫不奇怪，乡村工作室的严格要求对她来说是最艰难的，而这也是她最怀念的地方。"我们在那个建筑学校里居住、呼吸、睡觉、吃饭。我们没有一刻从那里逃离。我们做的每件事都很不容易。在工作室，家就是学校，学校就是家。这是一种生活方式，而不仅仅是教育。没有生活的烦扰，能够全身心地投入到我热爱的事情中而不用担心其他的事情，这是一件很美好的事情。"

当被问及她是否打算未来回到乡村工作室读研究生时，她说，"我一定会的。"

安迪·奥尔兹花了整整一个学年的时间来探索瓦楞纸板作为建筑材料的潜力，并在离莫里塞特住宅（Morrisette House）几百英尺的谷仓状大棚下面建造了一个"纸板豆荚"用于居住。听奥尔兹谈论他的毕业设计，就像在听一个同非传统建筑材料陷入爱河的人说话。

当他在大学二年级帮助工作室建造路易斯住宅（Lewis House）时，莫克比曾大致考虑过使用废纸板作为建筑材料的可行性，奥尔兹对此产生了兴趣。当时莫克比否定了这种构想，然而奥尔兹和他的两个同学被重新利用一种通常被丢弃在垃圾填埋场的材料的想法所吸引，因此决定在毕业设计里继续探索废纸板的可能性。

安德鲁·奥尔兹
大学二年级学生，1998 年
大学五年级学生，2000 年

奥尔兹和他的合作伙伴艾米·霍尔茨和盖比·康姆斯托克一开始就坚信，由于捆扎好的纸板密度很大，同时具有很高的绝热性能，因此"它们可以承载重量，并且使建筑冬暖夏凉。"由于700~1200磅重的纸板捆可以很容易地堆叠起来，因此，奥尔兹预见它们未来将是"建造低成本住房的一种快速、简便的方法"。为豆荚建造基础的过程使奥尔兹和他的伙伴们相信，废弃的纸板捆也许可以在抗震建筑中发挥作用。他解释说，这种材料可以做成灵活的基础，与此同时，用混凝土环梁覆盖它的顶部能够补偿沉降的差异，并在结构上从基础处分离楼板，为建筑提供更多的支撑。

在离豆荚几英尺远的地方，实验性的捆扎纸板砌块被一排排地堆放着。这种砌块由蜡浸渍的纸板与沙子、水和硅酸盐水泥以不同的配比组合而成，它们展示了纸板与其他材料混合后的效果。奥尔兹希望这些测试最终能生产出便宜、轻便的砌块或瓦片。靠近砌块的地方是另一个实验的残骸，一捆纸板被点燃，以探究火对它的影响。

奥尔兹说，他大学二年级的时候就被工作室所吸引，因为他想要去进行实际建造，而且想要从奥本大学出来休息一下，"住在战前的大房子里，这很迷人"。当时，乡村工作室总部设在格林斯伯罗一座建于19世纪40年代的宅邸里。奥尔兹感觉当时路易斯住宅的设计和建造"有点令人沮丧"，恶劣的天气使工程不断中断，"我们并没有觉得取得了很大的成就。"但在他离开工作室的时候，"莫克比让我明白，很多事情合在一起就会产生一个'微小的机会'。他教我材料的经济性，以及去建造一座没有多余材料的建筑。"这位来自阿拉巴马州蒙哥马利附近的威屯卡的中产阶级年轻人学会了享受"和真正的穷人在一起相处的时光"，这并非偶然。"在家乡时，你在街上开车如果遇到一位流浪汉会对他熟视无睹；但在黑尔县，你遇到贫困的人群，发现他们的内心和你我并没什么不同。我们（学生们）在这里特别引人注目，因此我们对他们的尊重和礼貌是很重要的。"从他三年前，也就是1998年参加这个项目以来，乡村工作室的二年级项目发生了什么变化吗？他说，现在规模更大了。他之前的小组里有8个学生，现在有12个。以前，"学生们几乎是自己摸索。现在我们有史蒂夫和安德鲁教授，他们对我们的学习和建造真的很有帮助。工作室的组织与管理正在改进。"

大学五年级的课程与二年级的相比，结构更松散。"我们很自由，"奥尔兹说，"但每两到三个星期，我们需要向莫克比和指导我们的安德鲁教授汇报进展，从中得到点评和反馈。另外，毕业设计组就像一个大团队，我们各小组之间总是互相给予反馈。尽管莫克比不会过多地指导我们，但仍有很多人为我们提供指导与帮助，可以确保我们的设计进展良好。"奥尔兹说，大量的学习是"通过实践"和从其他同学的错误中获得的。比如，豆荚的设计师们很快就意识到，"因为建筑里没有空调，因此你会希望一扇窗户紧挨着你的床，而不是离它两英尺远。"

奥尔兹继续说："莫克比现在教给我的是，说话的时候要清晰简洁，因为他太忙了。这不得不让我厘清思路。"奥尔兹认为建造教会了他更好地管理时间，"因为你必须提前思考和计划购买材料以及准备工具。他说他也懂得了冒险的重要性和灵活的重要性。此外，如果你想让事情获得成功，那你就不要为谁获得荣誉而担忧。莫克比以身作则教会我这些，我也想成为像他一样的人。他冒着风险相信我们，我很惊讶他如此成功却又如此谦逊，他从不把别人看得比自己低。"

也许最重要的是，乡村工作室让奥尔兹明白了要对自己所做的事情坚定不移。

史蒂夫·霍夫曼是 1996~1997 年在工作室工作的大学五年级毕业生。毕业后，他在一个农场工作了一年，然后又回到工作室担任指导教师，从那以后一直负责大学二年级学生的课程。2000 年 10 月的一个晚上，在格林斯博罗吃比萨时，莫克比把 26 岁的霍夫曼描述为"在他这个年龄的智者，一位天生的老师。他有很好的性格、才能和精力"。

对于他的一群学生来说，霍夫曼是一位耐心的导师，他的大部分时间都被用于监督建造工作。此时他们正在建造香农·桑德斯·达德利的房子。他说："从你原本生活的环境中走

史蒂夫·霍夫曼
大学五年级学生，1996~1997 年
讲师，1998~2001 年

出来，摸爬滚打，用自己的双手做点什么，看看取得什么样的成果，这感觉很好。"上一个班级已经评估了客户的需求，并完成了项目规划；霍夫曼先让学生们天马行空地想象，然后再制定项目预算。最终，在莫克比和霍夫曼的帮助下，学生们汇集了最好的创意，并根据大约 4.5 万美元的预算确定了建筑面积。今天早上，一个新的团队过来接手窗户和隔墙部分的工作。"他们都会在最终成果上留下自己的印记，我们试图给所有学生提供各种各样的体验。"霍夫曼说。作为他曾经学习的地方，他坚信乡村工作室给了他一个机会去教授他所相信的东西。

他受到一种坚定的社会良知的指引。他的父母，在法庭下令废除路易斯安那州学校的种族隔离制度后，把他们的儿子送到巴吞鲁日（Baton Rouge）一所过去全是黑人的学校读大学二年级，在那里他一直待到高中毕业。他表示："对一些学生来说，与梅森湾的贫困人口密切合作是一件习以为常的事情。"

他在读大学五年级的时候就被乡村工作室吸引了，因为到四年级结束时，"我对普通设计工作室的幻想破灭了，我已经尽了最大的努力。"他受过良好的专业训练，但他知道那些肤浅的设计缺乏现实基础。他渴望建造实际项目，并且坚信建筑应该有社会层面的内容，这与学术型工作室的放纵恣意格格不入。乡村工作室"似乎为我的不满提供了一个解决方案，"他说，他从莫克比身上学到"要为一个具体的事情工作，要从共事的人和工作的地点本身汲取能量和灵感。"他还受到了鲍勃·威尔逊（Bob Wilson）的启发。威尔逊是阿拉巴马州阿克伦人，他想为自己的社区做点事情，于是为霍夫曼的毕业设计阿克伦馆捐赠了场地和材料，并与学生们一起建造。

霍夫曼说，等到他在工作室取得硕士学位时，他即将在黑尔县待满 7 年。"所以，这是我生命中最真实的事情。在那里可以更加认真地思考什么能给我真正的满足感。我不必怀疑我所做的事情是否值得。我很乐意成为一名建筑工人，在小镇上做些以社区为基础的社会服务项目，同时承担一些教学工作。在一个地方扎根得越深，就越能把事情做好。"他最近在纽伯恩买了一栋房子，打算定居下来。

霍夫曼说："学生们通常有能力和智力去设计那些看起来像建筑的东西，但是他们首先要学习所有的规范标准，学习建模和画图。我试着以不同的方式教授它——比如建模是达到某个

目标的一种手段，而不是目的本身。"他说，最好的项目是在建造的过程中逐步形成的。梅森湾社区中心的设计起步非常缓慢，然后"在某个地方开始有了转机。这个设计经历了许多次迭代，莫克比一直在推进。我们的阿克伦馆也经历了同样的过程。"有一件事你需要知道，霍夫曼说："如果你真的想在这里变得更聪明和富有创造力，你不需要比其他人做得更好，而是需要以与众不同的方式做事。即兴创造是乡村工作室的课程之一。"霍夫曼向他的学生提出挑战，让他们审视建筑师的角色和工作："你不仅要关注如何着手去做，而且还要关注学到的东西都与什么有关。"

莫克比对他的教学产生了重要影响。"他能找到办法让每个人都发挥出最好的一面。他起到了真正的抛砖引玉和启发思维的作用。"霍夫曼说，"他不是教条主义者，但他也不会让人们模仿他。他非常擅长一对一指导。"

对霍夫曼来说，最难的事情之一是"接受建设过程的缓慢，你必须给学生足够的空间来允许他们把事情搞砸，因为这是学习过程的一部分。在教学中需要有很大的灵活性。"

有时，他担心随着乡村工作室逐渐成长和吸引越来越多的媒体关注，它能否保持其独立运营的完整性。"我们花越来越多的时间对着录像机说话。"他说，"CNN 的工作人员来到梅森湾让我感觉很超现实。我是一个理想主义者，我也很年轻。但莫克比教会我，你也必须在一个非理想的世界里工作。"

在伊芙琳·路易斯和她的四个孩子搬进乡村工作室为他们设计和建造的房子之前，这家人已经被要求分开居住了。当局将他们原先居住的那辆破旧的拖车式活动房定义为危房，并要求他们搬到更合适的地方。路易斯说，拖车是她在 20 世纪 90 年代中期购买的，那时候就已经很旧了，两三年后它开始腐朽，电气系统也坏了。但是她没有钱修理。她说："我刚开始的工作工资真的很低，大约每两周 60 美元。"她只能寻求帮助。一个非营利组织承诺帮助她对拖车式活动房进行耐候改造，但后来又食言

伊芙琳·路易斯
客户

了。塔斯卡卢萨的房屋管理局想提供援助，但"他们发现我已经上了破产法庭。"路易斯不愿意透露那些拒绝她的机构的名称，"不想让别人为难"，那些机构只是"想要帮助我却最终发现无法这么做"。

因为她无法翻修她的拖车，因此"我的家人分散在各处。"路易斯说。她的大儿子搬到了路易斯母亲的家里，她的姐姐收留了她和她的女儿，两个小儿子搬到了她有酗酒陋习的已经分居的丈夫那里。

当路易斯在 1998 年向黑尔县人力资源部求助时，她的好运气来了。当时，该部门正在与乡村工作室合作，向其提供需要住房的人员名单。路易斯说："人力资源部门的梅丽莎·金特里女士告诉我，这个组织及其学生们正在帮助像我这样的人。""她派人来见我，我和学生们、莫克比以及霍夫曼进行了交谈，他们告诉我能为我做些什么。他们与我及我的孩子们交谈，想知道我们的情况，发现我丈夫对我虐待孩子的指责是毫无根据的。他们说名单上还有很多需要房子的人，他们必须根据实际情况来选择一个状况最糟糕的家庭。感谢上帝，我多次祈祷，最终他们选择了我。"霍夫曼说，工作室之所以选择路易斯，很大程度上是因为她"非常积极地采取一切可能来改善自己的处境"。

被选中之后，她和她的孩子们很快与学生们熟络起来。"我们共进过很多次晚餐，"她回忆道，"他们给我看了他们之前建造的其他房子，问我在自己的房子里有什么需求。他们跟我说，我不应该只是接受他们所做的，而是应该告诉他们我想要的。"在路易斯的优先事项清单上，最靠前的是较高的层高，"因为我有点幽闭恐惧症。我告诉他们我还想要很多窗户，以及一些可以让我和我的家人团聚在一起的空间，这些全都实现了。"

采用木材做表皮的路易斯住宅外观很漂亮，但也不哗众取宠。紧张的预算和狭小的场地直接导致了这个住宅如霍夫曼所描述，"几乎就是一辆拖车式活动房，但却是一辆永久性的"。它只有 1100 平方英尺，包括四间卧室、一间小厨房、一间小浴室和一间向前延伸的客厅。但这栋房子配有空调，沿着南墙的走廊有天窗，可以排出热空气，走廊的一端有一扇窗户，可以形成对流。霍夫曼说，为了弥补住宅规模被迫的缩小，学生们"想在室内工艺上投入大量精力，因此，路易斯住宅内部可能拥有所有慈善住宅中最高水平的细节设计。"厨房和浴室里的花纹瓷

砖、客厅里压力纸板做的护墙板，都有着独特的设计。

路易斯现在有一份薪水更高的工作—— 一个学前教育学校的校车总管。当被问及她喜欢这所房子的什么地方时，她说："我喜欢它的气味和样子，木头很漂亮。""学生们如何对待她？""他们给予了我最大的尊重，他们是非常非常好的人。"

这次经历是否改变了她看待世界的方式？她说："你知道，我从小到大一直认为我不可能拥有这样或那样的东西，因为我成长在一个非常贫穷的环境里。我以为这样的事情只会发生在梦里。即使在学生们开始工作的时候，我也不认为我能得到一所房子。我以为这只是一个故事，所以我把它叫作'我的奇迹之家'。"

"当人们只是为了别人做一些事情时，你会认为他们这样做不是出于对别人的爱，而仅仅是一份工作。但事实并非如此，尤其是这些女孩子们——她们告诉我女儿，她们这样做是想要看到人们脸上的笑容。这让我很震惊，我以为他们只是在做一份工作，因此而得到一个分数。但其实不是那样的。"

塞缪尔·莫克比的肖像照（2001），坐在作品《尤陶的孩子们在他们古老的小屋前》的前面

阴影的赞歌

塞缪尔·莫克比的乡村神话

劳伦斯·蔡
LAWRENCE CHUA

当赫尔南多·德索托（HERNANDO DE SOTO）[①]着手推动美国南部的文明化进程时，他遗留下了一片从佛罗里达至洛基山脉东部边缘的被悲惨笼罩的区域。在传教士们的陪同下，德索托和他的部下一路烧杀掠夺，将当地居民当作负重的牲畜一样奴役，给他们带上铁项圈和脚链。远征军对财富如此渴望，当奴隶因疲惫倒下的时候，为了不妨碍队伍行进，德索托会直接将其斩首。然而，德索托的远征在 1540 年被"黑武士"塔斯卡卢萨——莫比尔（Mobile）[②]国王阻挡。在历史文献中，黑武士被描述成一个拥有巨人般身材的男人，一位卓越的军事指挥家，后来在一场同德索托军队的激烈战斗中，与他的 11000 名臣民一起战死沙场。

沿着阿拉巴马州黑尔县西部边缘蜿蜒而下的黑武士河即得名于这位惨遭杀害的国王。这条河源自班克海德湖（Bankhead Lake），开始是一条涓涓溪流，然后逐渐宽广。河流像黑武士一样永垂不朽。它们像时间一样流动着，承载着往事；它们有时干涸，有时泛滥，就像它们所暗示的无情历史一样，不断地改变着形态。黑武士河蜿蜒而经的土地总是充满失败。你只要敲开它的红色表面就会发现在它下面所隐藏的伤痕累累的历史。然而，这片土地也有一种魅力，这种魅力可能部分来自那些为自由而战的传说投射在这片土地上的阴影。在塞缪尔·莫克比的绘画、拼贴、草图和建筑作品中，这些阴影隐喻了所有生活在这片阴影下的人和事。

莫克比作品中的阴影并不是很直白。它们常常被他的建筑中阳光明媚的外表、被他的绘画中大胆鲜明的色彩，甚至被乡村工作室的讨论项目的方式所驱散。看看人们是如何在那些建筑中生活的，光线充足的空间被重新利用，黑暗也被幸福填满。同样，莫克比的绘画也是明亮的——这往往也会将人误导。当你花更多的时间与这些画作为伴，你就能看到那些明亮的蓝色和黄色是由一层层的黑暗所构成的，是生活所在的黑暗的产物。

在这些阴影中，莫克比创造了一个乡村神话。这是一个与威廉·福克纳（William Faulkner）[③]作品中的约克纳帕塔法（Yoknapatawpha）郡类似的地方。这是一部活生生的小说，在这其中，莫克比的建筑、富有的业主们、乡村工作室的项目和贫穷的业主们相互交织在一起。这个神话是一部正在进行中的作品。

---

① 译者注：赫尔南多·德索托，1497~1542，西班牙探险家。他曾率领第一支欧洲探险队深入美国领土，并在密西西比和阿拉巴马与原住民发生激战，在付出很大代价后获得胜利。
② 译者注：莫比尔（Mobile），阿拉巴马州西南的一座城市的名字。
③ 译者注：威廉·福克纳（William Faulkner，1897~1962），美国小说家，诺贝尔文学奖获得者，他的许多作品都以战后南方的缩影——虚构的约克纳帕塔法郡为背景，揭示了南方传统价值观的衰败。

上图：艾尔伯塔的耶稣升天节，1999
对页图：苹果，1998

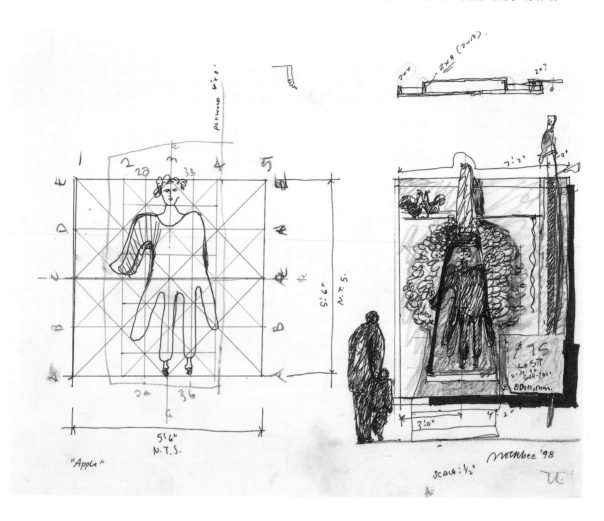

"Apple"

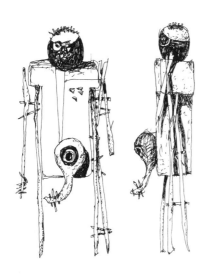

上图：查尔斯·W·摩尔（Charles W. Moore）[1]的剪影素描，2001
对页图：无标题，1991

这是一个不断展开的画卷：个人记忆与集体历史交织在一起，穷人们和黑人们成为黑武士、母亲女神及命运掌管者，被赋予一种密码似的东西，让他们可以把自己的性别远远抛开。在莫克比的画作中，一个名叫韦博·杜博斯（Web Duboys）的男人变成了一位名叫 W.E.B.B. 的英雄，即杜波依斯（W. E. B. Du Bois）[2]，一位有远见的智者的神秘影子；他的情人伯莎·鲍德温（Bertha Baldwin）成了一名叫作尤陶（Eutaw）[3]的母亲女神。在画作《艾尔伯塔的耶稣升天节》（Alberas Ascension, 1999）中，一位妇女被困在轮椅上，轮椅架在一只巨大的乌龟背上。这些画作似乎在问，如果一个人不能在现实中过上有尊严的生活，那么可以在神话中拥有尊严吗？现实中的自由是否同神话中的一样？

然而，如果认为莫克比的乡村神话只是一个象征性的记录，那就错了。塞缪尔·莫克比是第一个指出他是受过专业训练的建筑师而非画家的人，他以建筑师而非画家的方式对待自己的绘画、素描和拼贴画。他的作品既是庇护所，也是一面镜子。

绘画就是把它描绘的对象带进人们的生活。在德索托的远征和摄影技术发明之间的时期，绘画是让这个变化的世界产生意义的一种方式。在画作中，一切事物都变成了物体，视线所见即事物本身。欧洲油画家们将德索托在美洲搜寻到的财富通过渲染呈现出来，展示给帝国主义探险事业的富有赞助商们。远征军们占有的土地、赏金以及为他们工作的奴隶，都被用油画颜料展现出来，带入了赞助商们的生活。绘画使世界内化了，它创造了一个有意义的内部空间。在那个空间里，表象和意义不再是独立的范畴。世界的外部呈现和观众的内心所见达成了一致，尽管只是在欣赏画作的短短时间内。在那一刻，观众拥有了与所见之物的平等，他们不再被排除在可见的世界之外，而正身处它的中心。

塞缪尔·莫克比的艺术是一种见证的艺术。建筑见证了发生在它其中和周围的事情，一幅画也是如此。它捍卫了那些记忆和启示的经历，庇护并保存艺术家们所看到的东西。如果艺术家是一位优秀而可靠的见证者，那么这幅绘画就保护了一种真相。莫克比的视觉作品并不像今天人们经常用图像来表现事物那样只是一种见证和记录。相反，它更大胆地展现了世界的运转方式。在《无题》（Untitled, 1991，拼贴画）中，一个女人被孩子们包围着，手指向一个吊在树上的男人，一把电椅伫立在他们之间。一个梯子在女人的头顶升起，形成了一个多层的、倾斜的遮蔽物。在这个建筑物的屋顶上有一则关于密西西比炎热天气的新闻剪报。今年夏天密西西比会很热吗？它难道不是总是这样？

---

① 查尔斯·W·摩尔（Charles W. Moore, 1925~1993），美国著名建筑师，建筑教育家，后现代主义的代表人物之一。
② 译者注：威廉·爱得华·伯格哈特·杜波依斯（W. E. B. Du Bois），美国作家，1868 年生于马萨诸塞州一个贫苦黑人的家庭。他以毕生精力研究美国和非洲的历史和社会，投身于美国和非洲的黑人解放运动。
③ 译者注：尤陶（Eutaw）现在是邻省格林县（Greene County）的首府。

Q: You're a man who deals in land, whether through writing or drilling for oil. What is Mississippi's greatest natural resource?

A: The heat. That's its identity. There are other hot places in the world, but there is no other heat like in Mississippi. It's got that stillness, that mystery, that stupefying heat. It's so conducive to dreaming — daydreaming or nightdreaming. You can't go out and express yourself physically in that awesome heat, so you do it emotionally.

上图：阿尔多·罗西（Aldo Rossi）^① 来到露西住宅，2001
对页图：黑武士，1996

---

① 译者注：阿尔多·罗西（Aldo Rossi），意大利著名建筑师，建筑教育家，建筑新理性主义和类型学的代表人物之一。

黑尔县居民在作品《尤陶的孩子们在他们古老的小屋前》(*The Children of Eutaw Pose Before Their Ancient Cabins*, 1992)

　　有时候见证也是一种积极的努力。莫克比和乡村工作室计划为两个不同的客户创建一对相似的住宅：一位是贫穷的黑人；另一位是享有特权的白人。最近，莫克比为这两栋住宅创作了一些未命名的素描和绘画。他给建筑师阿尔多·罗西（Aldo Rossi）和查尔斯·摩尔（Charles Moore）的灵魂施了魔法。罗西装扮成马头，站在浸过防腐用杂酚油的木块和海狸木棒上，参观露西·布莱恩特·哈里斯现在居住的小木屋。在一幅名为《无题》（2001年）的油画中，在小屋的影子里，哈里斯的一个孩子正在被天使照料。天使是阿格诺洛·加迪（Agnolo Gaddi）[①]的圣母加冕礼（约1370年）中的一个拼贴画细节。生与死、宫廷与乡土、高贵与悲惨，都在这幅画中呈现。

　　历史的某些时刻也存在于绘画中，即使它没有从视觉上直接表现那个时刻，但却从颜料本身体现了出来。莫克比1996年的画作《黑武士》（The Black Warrior，1996）的表面布满了微妙的凹坑，这些凹坑是在一个夏天突然下起雨的时候，雨滴落在他位于俄亥俄州坎顿的露天画室里形成的。他自己与死亡的斗争也发生在那里，潜伏在门前、入口和出口，经常打破表面。《尤陶的孩子们在他们古老的小屋前》（The Children of Eutaw Pose Before Their Ancient Cabins，1992）是一个入口，隐性的空间打断了炙热的火焰。这些空间是窗户还是棺材？入口的另一边是什么？也许在我们被要求接受的历史之外还有另外一个地方，它不仅阐释了这些家庭，而且还阐释了那些使他们和我们走到今天这一步的环境。

　　莫克比自称是一位现代主义建筑师。他的绘画、拼贴画和素描也得益于现代主义，尽管它们不那么明显。在现代艺术中，网格不仅是一种设计手段，本身也是一种神话。就像所有的神话一样，它是一种处理矛盾的尝试。在早期的创世神话中，人类像植物一样从地球上生长出来。后来，神话又把人们描绘成一个有性结合的后代。尽管这些早期的、天真的信仰无视常识，但它们仍然受到尊重。神话允许两种观点同时存在，因为它掩盖了它们之间的矛盾。在绘画中，网格让我们认为我们是在处理"真实"的世界，即物质世界的无休止的侵略；同时它也给我们信仰的慰藉，即幻想的永恒品质。

　　在莫克比的许多画作中，网格被阴影打破，引起人们对这些矛盾的关注。故事被空间化，矛盾被挖掘出来。过去变得显而易见。德索托的远征与塔斯卡卢萨的抵抗之间存在着的冲突的自由。同样，拥有特权的、绝大部分是白人的学生，与他们正在服务和从中学习的贫困的黑人居民（而白人学生的特权正是建立在这些人的悲惨境遇之上）之间，也是这样一种复杂的情况。莫克比的作品中有一种力量，这种力量让很多人感到并不舒服。它经常被误认为是自由的白种人的慈善行为。但在他的乡村神话中，这种慈善行为要远远危险得多，它有可能是一种救赎。也许历史上无法被救赎的人可以在神话中得到救赎。他们可以在莫克比艺术的阴影中找到庇护的温暖。

---

① 　译者注：安格诺洛·加迪（Agnolo gaddi），14世纪的意大利画家。

上面图片：沃克·埃文斯摄，巴德·菲尔茨与他的家庭，黑尔县，阿拉巴马州，1936 年夏天

下面图片：沃克·埃文斯摄，星期天的歌唱，弗兰克·谭格尔一家，黑尔县，阿拉巴马州，1936 年夏天

黑尔县掠影

塞尔温·罗宾逊

CERVIN ROBINSON

即使是我们这些从未去过乡村工作室所在地黑尔县的人，也仍然能从照片中了解它。我们或许看过那些拍摄于 1936 年夏天的照片，它们发表在詹姆斯·艾吉（James Agee）和沃克·埃文斯的新版《现在让我们赞美伟大的人》（*Let Us Praise Famous Men*）一书中；我们也可能在展览或是阿拉巴马州本地人威廉·克里斯坦伯里（William Christenberry）于 1983 年出版的《威廉·克里斯坦伯里：南方照片》（*William Christenberry：Southern Photographs*）一书中看到过他的作品；或者我们在建筑杂志上见过建筑摄影师蒂姆·赫斯利（Tim Hursley）① 所拍摄的照片，本书也正是用他的照片作为插图。我们可能感到纳闷，黑尔县所受到的关注到底是伴随沃克·埃文斯最初所取得的成就而来，还是艾吉和埃文斯时代所存在的某种本土力量依然延续至今，并推动了塞缪尔·莫克比如今的工作。

一个场所的一组照片，既是记录又是创作。照片所展现的东西与原始面貌不同，如果我们选择了不同的照片，我们得到的它创造出来的场所也不一样。在 1941 年的原版《现在让我们赞美伟大的人》中，发表了 31 幅沃克·埃文斯的照片。在 1960 年以后的版本中，这个数字翻了一番。在新版本中，一些照片被替换，其中至少有一张是因为底片已经丢失，其他被替换的照片则是因为与原来的照片相比，埃文斯现在更喜欢另一张。

这些替换会导致细微的变化；新增的照片打破了原有主题的平衡。第一版书里包括三个租户家庭的照片、其中一栋房子的内景、另一栋房子的外景、附近城镇的两幅街景、一幅土地拥有者的肖像和一幅县长办公室的外景。1960 年版中增加的照片带来了强烈的场所感，包括所有的家庭房屋外观和他们工作过的田野的景色。书中还包括了在 1941 年可能被认为是习以为常的拍摄对象（尽管不太多，以至于埃文斯从未在南方拍摄过这些内容），但从 1960 年发生的变化来看，这些照片似乎是必不可少的，包括一个火车站和轨道，一个被遗弃的战前种植园房屋和一个带有黑人的街景。这三个主题在 1936 年夏天的黑尔县很流行。但是，我们从 1973 年达卡波出版社（Da Capo）出版的《沃克·埃文斯：1935-1938 年农场安全管理局掠影》（*Walker Evans：Photographs for the Farm Security Administration*，*1935-1938*）中了解到，这三张照片实际上是于一年前的冬天在密西西比的西部拍摄的。所以，尽管书中艾吉的文字确实是 20 世纪 30 年代晚期的产物，但埃文斯最终选择使用的照片很多来自于书最终

---

① 译者注：蒂姆·赫斯利（Tim Hursley）即指蒂莫西·赫斯利（Timothy Hursley）。

出版的那个时间。

威廉·克里斯坦伯里（William Christenberry）的祖父母住在距离艾吉和埃文斯记录的一个佃农家庭很近的地方，他在 1960 年偶然看了《现在让我们赞美伟大的人》这本书。第二年，他开始在黑尔县拍照，后来他结识了埃文斯并得到了他的赞赏。克里斯坦伯里拍摄的主题很简单，倒塌的建筑物、坟墓以及葛藤的生长。大部分建筑都是正面拍摄的，并且他所有的照片都以完全没有人出现而闻名。克里斯坦伯里拍摄了不同季节、不同年代的建筑；有时，他会以多多少少有些类似，但完全不是死板地重复的方法反复拍摄同一栋建筑。最近在纽约佩斯麦吉尔画廊（Pace Macgill Gallery）举办的一场展览中，展出了一组 16 幅类似的"绿色仓库"照片。他拍摄的建筑比埃文斯的更为广泛——尽管我们从沃克·埃文斯的照片目录中可以看出，1936 年许多类似的建筑也吸引了他的注意。

克里斯坦伯里在华盛顿的科克伦艺术与设计学院（Corcoran College of Art and Design）任教，与阿拉巴马州有一定的距离。克拉文斯（R. H. Cravens）在《南方摄影》（Southern Photographs）中写道："克里斯坦伯里有时承认，他不能常年在阿拉巴马州工作，'那会让人窒息，无法抵抗。黑尔县和华盛顿特区之间 900 英里的距离，给了我一个我所需要的视角。'"

上图：威廉·克里斯坦伯里摄，葛藤与天空（夏），阿克伦附近，阿拉巴马州，1978 年
对页图：威廉·克里斯坦伯里摄，绿色仓库，纽伯恩，阿拉巴马州，1978 年

上图：蒂姆·赫斯利摄，厨房里的艾尔伯塔，2001 年
对页图：蒂姆·赫斯利摄，谢泼德棚屋里一只死亡的狗，2001 年

　　赫斯利展现黑尔县的方法与埃文斯和克里斯坦伯里截然不同。埃文斯只在一个夏天的某段时间里在黑尔县拍照，而赫斯利在过去的八年里多次回到这里。克里斯坦伯里拍摄了黑尔县最缓慢的变化。而赫斯利则拍摄了这里每年所发生的剧烈变化。同时，他还拍摄了参与到这些变化中的人——既有盖房子的人，也有后来居住在里面的人。标准的建筑摄影是记录建筑刚刚（或者几近）竣工时的状态，它们呈现了建筑师希望建筑被呈现和被使用的样子。如果照片中展现了建筑的使用，那么这种使用也是根据图片的需要而被精心安排的。赫斯利常常拍摄一所房子随着使用而发生变化前后的照片。在黑尔县，他拍摄建筑物的方式达到了在其他地方无法达到的完美，甚至是在拍摄那些最著名的建筑物时都难以想象的。

　　20 世纪 50 年代，沃克·埃文斯曾说，他认为年轻摄影师的任务比他过去所面临的要艰巨得多，因为已经有如此多的东西被拍摄过了。威廉·克里斯坦伯里减轻了这种担忧：他专注于埃文斯 20 世纪 30 年代在阿拉巴马州曾经拍摄过的一些主题，并将它们置于随着时间缓慢变化的框架中，从而得到了有关黑尔县截然不同的东西。赫斯利也通过记录引发黑尔县变化的动因，以及它一年又一年所发生的积极的改变，从中发现了新的领域。

学生与客户（中间是乡村工作室长期赞助商鲍勃·威尔逊）正在讨论阿克伦青少年俱乐部

项目参与人员名单

BRYANT (HAY BALE) HOUSE 1994

Joseph Alcock, David Baker, Amy Batchelor, Janelle Bell, Melonie Bradshaw, Timothy Burnett, Jeff Cooper, Mark Cooper, Alison Easterwood, Todd Filbert, Christopher Fogle, Steve Hand, Scott Holmes, David Hughes, William Jernigan, Kimeran Kelley, Tae Kim, Thomas Lockhart, Tiffini Lovelace, Charles Martin, Josh Mason, David Meier, Benjamin Mosley, William Murner, John Nitz, Gustavus Orum III, Thomas Parham, William Randall III, Christopher Robinson, Raymon Rutledge, Nick Sfakianos, Christopher Smith, James Smith, Jr., Todd Stuart, Gregory Stueber, Ashley Sullivan, Jonathan Tate, Melissa Teng, James Thompson, Thomas Tretheway, Kelly Van Eaton, Timothy Vaught, Ruard Veltman, Oreon Williams

SMOKE HOUSE 1994

Scott Stafford

YANCEY CHAPEL 1995

Steven Durden, Thomas Tretheway, Ruard Veltman

CHARITY PROJECTS 1995

Audrey Courtney, Steven Hall, Brian Jernigan, Gary Owen, James Palmer, Scott Ray

WILSON HOUSE 1996

Katie Baker, Eric Bobel, Jennifer Boyles, Anna Brown, Allison Bryant, Joshua Bryant, Thomas Campbell, Kevin Carpenter, Joseph Comer, Michael Davis, Erin Elston, James Franklin, Kevin Hagerson, David Holland, Ginger Jesser, Ian Jones, Ohin Kwon, Bruce Lanier III, Andrew Ledbetter, David Lorenz, Amy McElroy, Dan Menmuir, Justin Miller, Jennifer Nelson, Elizabeth Nolen, Matthew Olive, Jennifer O'Neil, Juan Pace, Jeremy Paul, Jeffrey Pearson, Peter Phelps, Everett Pollard III, Donald Powell, Brian Purdy, Kelli Ragan, Patrick Redahan, Katherine Rees, Richael Renauld, Richard Roark, Edward Rolen, Richard Shaddix, Michael Simmons, James Smith, Jennifer Smith, Michael Spinello, Jennifer Theis, Katerine Thompson, Hollis Tidwell III, Melissa Vernie, Stephen York

AKRON PAVILION 1996

Stephen Hoffman, Todd Stuart, Jonathan Tate

HARRIS (BUTTERFLY) HOUSE 1997

William Austin, Deshannon Bogan, Dominique Boyd, Clifford Brooks, Catherine Bunn, John Cline, Jr., Elizabeth Chapman, Kristen Kepne Coleman, Joshua Daniel, Elizabeth Gagood, Jimmie Geathers, Adam Gerndt, Jobeth Gleason, Robert Hill IV, Charles Hughes, Bradley Holder, Heather Johnson, Jeffrey Johnston, Chad Jones, Melissa Kearley, John Keener, Andrew Kraeger, Jr., Michael Lackey, Jeffrey Marteski, Jeremy Moffet, Andrew Moore, Timothy Patwin, Bryan Pearson, Michael Peavy, James Pfeffer, Thomas Replogle, John Ritchie, William Ryan, Jon Schumann, Bradley Shelton, Timothy Silger, Nathan Simmons, Robert Sproull, Jr., Elizabeth Stallworth, Jimmy Turner, John Waters, Samuel Watkins, William Whittaker, Jr., Heather Wootten

HERO PLAYGROUND 1997

Joseph Alcock, Melissa Teng

SUPERSHED 1997

Jarrod Hart, Thomas Palmer, Christopher Robinson, Barnum Tiller

GOAT HOUSE 1998

Stuart Ian, Jeff Cooper

COMPOSTING PRIVY AND SHOWERS 1998

Amelia Helman, Jacquelyn Overby, Jamie Phillips

POD #1 1998

Marnie Bettridge, David Bonn, Stephen Hoffman, James Krikpatrick

EVELYN LEWIS HOUSE 1999

Rebecca Alvord, Richard Amore, Jason Andoscia, Felicia Atwell, Tori Barbrey, Matt Barrett, James Baxter, Charles Berry, Katherine Bishop, Ryan Bishop, Beverly Blalock, Jennifer Bonner, Adam Buchanan, Joe Bucher, Douglas Byrd, Brent Collins, Gabriel Comstock, Charles Cooper, Andrew Craft, Kenneth Craft III, Patricia Davenport, Trinity Davis, James Dickinson, Justin Donovan, Joseph Duncan, Jr., William Enfinger, Matt Foley, Jared Fulton, Benjamin Gambrel, Kimberly Geisler, Clark Gollotte, Jonathan Graves, Melissa Hall, Joel Hallisey, Matt Harbin, Breanna Hinderliter, Amanda Hodgins, Amy Holtz, Eric Howell, Jennifer Hughes, Emily King, Ginger Krieg, Robert Littleton, Mary Beth Maness, Elizabeth Manguso, John McCabe, Jerryn McCray, Marion McElroy, Wendy Messenger, Randall Morgan, Timothy Neal, Andrew Olds, Nathan Orrison, Derrick Owens, Laura Penn, Jennifer Pitcher, Ryan Puett, Andrea Ray, Emory Redden, Troy Redden, Ronald Renfrow, Anna Ritchie, Jennifer Rogers, Blake Rutland, Bart Rye, Jack Sanders, Jennifer Saville, Chris Shepard, Jeff Slaton, David Snyder, Jeffrey Stephens, Daniel Sweeney, Kent Thagard, Anthony Tindill, Jody Touchstone, Derek Wagner, Christopher Waters, Emmie Wayland, Jason Weyland, Joanna Wilkerson, Joe Yeager

PODS 1999

Brandi Bottwell, Andrew Ledbetter, Melissa Vernie

SEED HOUSE (MANOR BRYANT) 1999

Ian Jones, Jennifer O'Neil, Doug Shaddix

HERO CHILDREN'S CENTER 1999

Allison Bryant, Ginger Jesser, Michael Renauld, Nikol Shaw

SUPERSHED KITCHEN 1999

Melissa Vernie

PUMP HOUSE (AT MASON'S BEND) 1999

Jennifer O'Neil, Doug Shaddix

MASON'S BEND PLAZA AND BUS STOP 1999

Marcus Hurley, Scott Marek, RaSheda McCalpine, David Ranghelli, Samantha Reinhart-Taylor, Claudia Richardson, Heath Van Fleet

MASON'S BEND COMMUNITY CENTER 2000

Forrest Fulton, Adam Gerndt, Dale Rush, Jon Schumann

SPENCER HOUSE KITCHEN 2000

Jeremy Bagents, Kelly Rutledge

THOMASTON FARMER'S MARKET 2000

Jeff Johnston, Melissa Kearley, Bruce Lanier, Jimmy Turner, Jay Waters

FOREMAN TRAILER 2000

Will Brothers, Brandon Canipelli, Melissa Harold, Jennifer Hataway, Marla Holt, Lynielle Houston, Elisabeth Kelly, Bradley Martin, Ashley McClure, Meaghan Peterson, Leia Price, John Reckamp, Astyn Richard, Kevin Songer, Tracye Tidwell, Robert White

SANDERS-DUDLEY HOUSE 2001

Alicia Armbrester, Hawra Bahman, Brian Bailiff, Meredith Baker, Abby Barnett, Jason Black, Elizabeth Blaney, Lauren Bonner, Kristi Bozeman, Katie Bryan, Natalie Butts, Daniel Brickman, John Caldwell, Matt Christopher, Chris Devine, Sarah Dunn, Matthew Edwards, Elizabeth Ellington, Matthew Finley, Briannen Foster, Azalia Golbitz, Asif Haque, Adam Hathaway, Julie Hay, Lesley Ann Hoke, Patrick Holcombe, Lynielle Houston, Jason Hunsucker, Andrew Jacobs, Kris Johnson, Charles Jorgenson, Elizabeth Kelly, Karrie Kitchens, Sophorn Kuoy, Erik Lindholm, Richard Long, Beth Lundell, Nathan Makemson, Robert Maurin, Charles Mazzola, David

McClendon, Emily McGlohn, Chris McRae, Albert Mitchum, Joyce Selina Momberger, Patrick Nelson, Paul Ovnic, Michah Padgett, Brannen Park, Sheetal Patel, Leia Wynn Price, Walker Renneker, Astyn Richard, Seth Rodwell, Nia Rogers, Michael Scherer, Mike Shehi, Jennifer Sherlock, Sara Singleton, Margaret Sledge, Brandon Smith, Melissa Smith, Joel Solomon, Jen Stanton, Donna Stober, Melissa Sullivan, Laura Tarpy, Jermaine Washington, Robert White, Meghan Young

NEWBERN BASEBALL FIELD 2001

Marnie Bettridge, James Kirkpatrick, Jack Sanders

NEWBERN PLAYGROUND 2001

Nia Rogers, Margaret Sledge

AKRON PLAYGROUND 2001

Gabe Comstock, Amy Holtz, Andrew Olds

CORRUGATED BALE POD 2001

Gabe Comstock, Amy Holtz, Andrew Olds

AKRON BOYS AND GIRLS CLUB 2001

Craig Peavy, Patrick Ryan, Brad Shelton

BODARK THEATER 2001

Lee Cooper, Trinity Davis

CHANTILLY 2001

Chris Humphries

FACULTY AND STAFF

Samuel Mockbee and D. K. Ruth, co-founders

Steve Hoffman, Andrew Freear, Richard Hudgens, Christian Trask, Bryan Bell, Tinka Sack, John Forney, Jack Sanders, David Buege, Lisa Nicholson, Janet Stone, Ann Langford, Melissa Derry, Althea Huber, Melissa Gentry, Laura Smith, Nia Rodgers, Margaret Sledge, Tammie Cook, Ben Kelly, Charles Jay, Mike Thomas, Robert Steele, LeRone Smiley, Fred Brock, Donald Park, Woody Stokes, Randy Henry

BENEFACTORS

Alabama Power Foundation

John Carroll

Paul Darden

Graham Foundation for Advanced
   Studies in the Fine Arts

Interface Americas, Inc.

Jessie Ball duPont Foundation

J. F. Day and Company, Inc.

John P. and Dorothy S. Illges Foun-
   dation

Bruce Lanier

Bill Laver

L. E. F. Foundation

Ludwick Family Foundation

William Morrisette

Lemuel Morrison

Nathan Cummings Foundation

Jennifer O'Neil

Oprah's Angel Network

Christine Pielenz

Sharon Rhoden

Tom Rhoden

Katherine Roloson

Robert Roloson

Deedie Rose

Elizabeth Saft

Virginia Saft

Silver Tie Fund

Elizabeth Sledge

William Sledge

Jim Turnipseed

Bob Wilson

W. K. Kellogg Foundation

PATRONS

Alabama Civil Justice Foundation

Leslie Armstrong

Leland Avery

Sharon Awtry

Jeff Beard

Sue Landon Beard

Books-A-Million

Retha Brannon

Eileen Brown

James M. Brown, Jr.

Mary Ward Brown

Marka Bruhl

Charles Bunnell

California Community Foundation

Gary Citron

Geoffrey Clever

Community Foundation of Middle
   Tennessee

Theresa Costanza

Crawford McWilliams Hatcher
   Architects

Lucy Creighton

Carolyn East

Mary Edwards

Walter Fuller

Greensboro Nursing Home

Giattina Fisher & Aycock Architects

Tommy Goodman

Jeff Hand

Rosemary Haines

Slaughter Harrison

Everett Hatcher

Sam Hay

Garve Ivey

Mary Jolly

Kal Kardous

Jim Kellen

Russell Komesarook

Charlotte Lewter

Annemarie Marek

David Matthews

Max Protetch Gallery

Joe D. McCurry

Jerry McWilliams

Merengo County Historical Society

Metal Construction Association

Christina Mickel

Helen Misrachi

Scott Morgan

Beatrice Morrison

Ben Mosley

Stacy Mosley

Kate Mytron

National Trust for Historic Preservation

Scott Nelson

City of Newbern, Alabama

Nexus Contemporary Art Center

OPMXI

Tommy Patton

Richard Pigford

Julia Potter

Richard Rhone

William Ryan

Sahan Daywi Foundation

Serendipity Club

Bennett Shapiro

Fredricka Shapiro

Shelter State Community College

Frank Strong

Frances Sullivan

Patsy Sumrall

Kenneth Tyler

Janet Ward

Warren Ward

Wehadkee Foundation

Elizabeth Wilson

G. B. Woods

Daniel Wright

Adam Yarinsky

参考文献

Anderson, Tara. "Architecture Students Design, Build Budget Homes." *Auburn Plainsman*, 6 March 1997: section B.

Bell, Elma. "Use it Again, Sam: Architectural Students Recycle Old Materials into New Building." *Birmingham News*, 6 June 1995: pp. 1C–2C.

Blitchington, Rosemarie. "Butterflies and Hay Bales." *Wemedia* V1. January–February 2001: pp. 72–79.

Bradley, Martha Sonntag. "Mockbee Celebrates the Simple—Says Focus on People, Not Places." *Salt Lake Tribune*, 17 May 1998: p. D6.

Byars, Mel. "Tracking the Hybrid." *ARTnews*, Summer 2000: p. 26.

Culpepper, Steve. "The Art of Architecture Visits Sharecropper Country." *Fine Homebuilding*105. November 1996: pp. 44–46.

Culver, Rhonda. "Architecture Program Builds Hope." *Auburn Plainsman*, 9 December 1993: section B.

Czarnecki, John. "Rural Studio: Samuel Mockbee's Studio at Auburn University is Rebuilding the Rural South while Educating Young Architects." *CRIT*, Spring 1997: pp. 20–24.

Dean, Andrea Oppenheimer. "The Hero of Hale County." *Architectural Record*, February 2001: pp. 76–80.

——. "Return of the Native: Photographer William Christenberry's Ongoing Portrait of his Hard Scrabble Hale County, Ala. Home." *Preservation*, May–June 1998: pp. 70–79.

Deitz, Paula. "On Design: Movers and Shapers." *ARTnews*, June 1998: p. 97.

Dietsch, Deborah. "Mockbee's Mission." *Architecture*, January 1997: pp. 49–51.

Foss, Sara. "Faith Guides Tire Chapel's Construction." *Birmingham News*, 11 November 2000: p. E5.

Fox, Catherine. "Sharing Sweat, Swinging Hammers." *Atlanta Constitution*, 21 July 1996.

Grimsley Johnson, Rheta. "A Genius Nicknamed Sambo—Grant-Winning Architect's Studio, Students Build on Lessons of Life." *Atlanta Journal-Constitution*, 22 June 2000.

Hall, Peter. "Life-Changing Buildings." *Sphere*, 1997: pp. 13–14.

Higgins, Kelly. "Rural Studio Featured in Parade." *Opelika Auburn News*. 4 April 1997: pp. A1–A2.

Houston, Caty. "Architecture Students Use 'Hands-On' Training to Help Less Fortunate." *Auburn Plainsman*, May 20, 1999: p. B2.

Hudson, Judy. "Samuel Mockbee." *Bomb Magazine*, February 2001: pp. 38–47.

Ingals, Zoe. "An Education with Hammer and Nails." *Chronicle of Higher Education* 42: 12, 15 November 1996: pp. 44–46.

Ivy, Robert. "Editorial." *Architectural Record*, May 2000: p. 23.

——. "Rural Education." *Architecture*, October 1994: pp. 62–65.

——. "Housing Innovations: American Architects are Designing More Flexible Living Spaces to Accommodate Society's Changing Priorities." *Architecture*, October 1994: p. 61.

Jodidio, Philip. "Sambo Mockbee and the Rural Studio." *Contemporary American Architects* 4, Fall 1998: pp. 122–131.

Johnson, Ken. "Art in Review; Samuel Mockbee." *New York Times*, 22 September 2000.

Koch, Aaron. "In the Eyes of the Beholder: An Interview with Sam Mockbee." *Crit* 49: p. 30.

Kochak, Jacqueline. "Auburn Professor Wins 'Genius Grant.'" *Opelika-Auburn News*, 14 June 2000: p. C1.

——. "The Sixth House of Virtue." *Opelika-Auburn News*, 9 January 2000: p. C1.

Kroloff, Reed. "Southern Comfort." *Architecture*, August 1997: pp. 90–93.

Kreyling, Christine. "The Hero of Hale County: Sam Mockbee." *Architectural Record*, February 2001: pp. 76–82.

LeBlanc, Sidney. "From Humble Sources, Earthy Elegance Springs." *New York Times*, 18 April 1996: pp. B1, B4.

Levy, Daniel. "Alabama Modern: Samuel Mockbee Creates Homes for the Poor that are Cheap, Practical—And
Unconventionally Beautiful." *Time*, 1 October 2000: pp. 92–94.

Lowry, Angie. "Shelters for the Soul." *Auburn Magazine* 5: 2, Summer 1998: pp. 32–37.

Marks, Randy. "A Catalyst Beneath the Stars." *Mosaic*, Winter 2001: 6–8.

Mays, Vernon. "The Super Shed: Not Your Typical Dorm." *Architecture*, May 2000: pp. 192–199.

McCallum, Nancy. "Building With a Purpose." *Hope*, October 1997: 67–69.

McDaniel, Linda. "A Wealth of Accomplishment." *Appalachia*, January–April 2000: pp. 15–21.

Miller, Matthew. "Rural Design Studio Students Put Buildings—And Lives—Together." *Tuscaloosa News*, 10 April 199: p. 1A.

Mockbee, Samuel with Mindy Fox. "Building Dreams: An Interview with Samuel Mockbee." *Sustainable Architecture
White Papers*. Earth Pledge Foundation, 2000: pp. 207–214.

Myhrman, Matt. "Straw-Bale Karate in the Black Belt." *The Last Straw* 12, Fall 1995.

Nicholson, Lisa. "Rural Studio, Alabama: Architettura Per l'Emarginazione." *Casabella*, June 1999: pp. 38–43.

Pickett, Rhoda. "Building Homes for Needy Families Earns Acclaim for Auburn Program." *Mobile Register*, 14 June2000: p. 1.

Plummer, William and Gail Camerson Wescott. "The Midas Touch—Rural Alabama Architect Samuel Mockbee Recycles
Cast-off Materials and Lifts Up Lives." *People Magazine*, 4 December 2000: pp. 217–221.

Read, Mimi. "House Raising in the Black Belt: An Architecture Professor and his Students Build for Rural Families in
Need." *House Beautiful*, June 1995: p. 70.

Ryan, Michael. "Houses From Scratch." *Parade Magazine*, 6 April 1997: pp. 14–15.

Ryker, Lori, editor. *Mockbee Coker: Thought and Process*. New York: Princeton Architectural Press, 1995.

Scott, Janny. "For 25 New MacArthur Recipients, Some Security and Time to Think." *New York Times*, 14 June 2000.

Seymour, Liz. "Samuel Mockbee: Reluctant Genius—Rural Studio cofounder receives MacArthur fellowship."
Architecture, August 2000: pp. 27–28.

Sittenfeld, Curtis. "We Take Something Ordinary and Elevate it to Something Extraordinary." *Fast Company*, November
2000: pp. 296–308.

Slessor, Catherine. "Three Community Projects." *Architectural Review*, March 2001: pp. 54–61.

Spencer, Thomas. "Auburn Architect Wins 'Genius Grant.'" *Birmingham News*, 14 June 2000: pp. 21A, 25A.

Stein, Karen D. "Postcards from the Edge: Samuel Mockbee and his Alabama Rural Studio Take Architecture Schooling on
the Road." *Architectural Record*, March 1996: pp. 69, 74–77.

Stewart, Jennifer. "Students Rich in Ingenuity Help Shelter Poor." *Mobile Register*, 18 January 1998: p. 15K.

Thompson, Helen. "We've Got to Have Heart. " *Metropolitan Home*, March/April 1997: p. 52.

Virshup, Amy. "Designer Houses for the Poor." *New York Times Magazine*, 21 September 1997, section 6: pp. 71–74.

———. "On the House." *HQ Magazine*, March–April 1998: pp. 63–67.

Voss, Charlotte, "Nine Heroes Cited in Hale." *Greensboro Watchman*, 16 November 1995: p. 3B.

Watkins, Ed. "AU Students Restoring Three Old Homes in Newbern." *Tuscaloosa News*, 10 August 1998.

Zook, Jim. "What Architecture Can Do." *Metropolis*, April 1997: pp. 14–15.

LECTURES BY SAMUEL MOCKBEE

"Marriage of Poverty and Wealth," National Building Museum, Washington, D.C., 2000.

"The Rural Studio: World Tour," University of Pennsylvania, Philadelphia, Pennsylvania, 2000.

"Architecture, Place and Space," Cathedral Heritage Foundation, Louisville, Kentucky, 1999.

"Sketch of an Architect," Keynote Speech, AIA Louisiana, New Orleans, Louisiana, 1999.

"The Rural Studio: Aesthetics and Social Responsibility," Smith College, Northampton, Massachusetts, 1998.

"Good Buildings," University of Texas, Austin, Texas, 1998.

"Education Under Construction," University of Utah, Salt Lake City, Utah, 1998.

"Citizen Architect," San Francisco Museum of Modern Art, San Francisco, California, 1997.

"A Subversive Sketch," Graham Foundation/*ARCHEWORKS*, Chicago, Illinois, 1997.

译后记

　　2001 年，我在清华大学读研，在周榕老师的建筑评论课上第一次听到了塞缪尔·莫克比和乡村工作室的故事，这令我和很多同学感到惊诧，因为那时大多数建筑师已经从对社会责任和大众需求的关注转变为对新风格、新技术、新材料的追逐，热衷于为富有的甲方设计新奇而昂贵的"建筑时装"。而塞缪尔·莫克比却远离了"舞台中央"，带领美国奥本大学的学生来到位于南部深处的阿拉巴马州黑尔县这个穷乡僻壤，在政府和 NGO 组织的协助下，与需要救助的居民进行会谈讨论，筹集建设资金和建筑材料，甚至使用回收再利用的材料，为当地贫困人群设计并建造"有尊严的"住宅和社区建筑。2003 年我的导师单军教授从美国带回来一本书——《Rural Studio: Samuel Mockbee and an Architecture of Decency》，该书是乡村工作室系列丛书的第一本，我很快借来阅读并做了初步翻译，在单老师的指导下完成了《建筑的复杂性——塞缪尔·莫克比及其乡村工作室的作品解读》这篇小论文，随后在《世界建筑》杂志上发表。2004 年我毕业后到天津大学任教，在教学过程中再次想起这本书，乡村工作室的工作也是一种

2018 年 12 月 22 日摄于阿拉巴马州黑尔县纽伯恩，乡村工作室营地——"大棚与豆荚"

教学实验，摆脱了传统设计教学的"纸上谈兵"和"无病呻吟"，通过解决实际问题、参与实际建造，使学生们了解社会责任，学习专业知识，于是在 2007 年的国际建筑教育大会上我发表了《建筑学的社会意义——从美国乡村工作室的实践反思我国的建筑教育》这篇论文。2018 年我到美国密歇根大学访学，年底一个人驾车深入遥远的阿拉巴马州黑尔县去拜访那些相识已久却从未谋面的"老朋友"，"废弃的谷仓、破旧的棚屋和锈迹斑斑的拖车式活动房"依然如 1993 年莫克比创立乡村工作室时一样，不同的是他已经于 2001 年因白血病去世，而乡村工作室在其他老师的带领下继续前行，结合教学完成了更多的作品，并出版了两本新书。这个被人遗忘的地方正在慢慢复苏，当地居民朴实的笑容像冬日的阳光一样让人感受到温暖和希望。

坐在莫克比与同学们当年经常来的纽伯恩商店门廊里休息，获得消防队队长邀请参观新建的纽伯恩消防站和社区中心，站在偏僻的梅森湾小礼拜堂里仰望奇幻的"雪佛兰玻璃幕墙"，在镇中心的咖啡厅偶遇奥本大学乡村工作室的学生，在乡村工作室最近完成的动物收容所里见到喵星人和猫奴大叔……在行色匆匆的旅途中，在喧嚣热闹的建筑圈里，我再次听到了塞缪尔·莫克比及乡村工作室的声音。

感谢与我一起完成翻译工作的北京林业大学的韦诗誉老师以及天津大学的郑婉琳、杨琳两位研究生，感谢清华大学单军教授、北京建筑大学范霄鹏教授、美国劳伦斯理工大学冯晋教授和东密歇根大学吕江教授，以及中国建筑工业出版社编辑，他们的鼓励和帮助让这本书终于来到大家面前！